生菜施肥技术与病虫害防治

尚巧霞　贾月慧　闫　哲　主编

中国农业出版社
农村读物出版社
北 京

图书在版编目（CIP）数据

生菜施肥技术与病虫害防治／尚巧霞，贾月慧，闫哲主编．—北京：中国农业出版社，2020.5
ISBN 978-7-109-26012-2

Ⅰ.①生… Ⅱ.①尚… ②贾… ③闫… Ⅲ.①生菜类蔬菜－施肥－教材②生菜类蔬菜－病虫害防治－教材
Ⅳ.①S636.206②S436.36

中国版本图书馆 CIP 数据核字（2019）第 222686 号

生菜施肥技术与病虫害防治
Shengcai Shifei Jishu Yu Bingchonghai Fangzhi

中国农业出版社出版
地址：北京市朝阳区麦子店街 18 号楼
邮编：100125
责任编辑：田彬彬
版式设计：王　晨　责任校对：赵　硕
印刷：北京万友印刷有限公司
版次：2020 年 5 月第 1 版
印次：2020 年 5 月北京第 1 次印刷
发行：新华书店北京发行所
开本：880mm×1230mm　1/32
印张：3.5　　插页：4
字数：80 千字
定价：18.00 元

编 写 人 员

主 编　尚巧霞　贾月慧　闫　哲

编 者（按姓氏笔画排列）

卢　蝶　卢志军　刘　杰

刘超杰　齐长红　闫　哲

李金栋　范双喜　尚巧霞

赵明君　祝　宁　班丽萍

贾月慧　席　昕　梁　琼

韩莹琰　薛　正

FOREWORD

前　言

　　生菜（*Lactuca sativa* L.）为叶用莴苣的俗称，是菊科莴苣属一年生或二年生草本植物。生菜以叶为主要食用器官，生长周期短，由于其叶形美观，富含蛋白质、糖类、维生素和矿物质等营养成分，热量低，受到广大消费者的青睐，近年来成为北京地区播种面积最大的绿叶蔬菜。生菜可生食，脆嫩爽口，略甜。富含水分，食用部分水分含量高达94％～96％。叶片中含有莴苣素和甘露醇等有效成分，具有镇痛、安眠、促进血液循环和利尿的作用。生菜在我国很多地区四季均可种植，温室、大棚、露地均可生产，单独种植时可以高度密植，还可以与其他蔬菜间套作种植，是能够周年供应的优质绿叶菜。

　　本书系统地介绍了生菜在生长过程中的需肥规律、施肥技术和病虫害的发生规律及防治技术。书中前言由尚巧霞和范双喜编写；绪论由贾月慧、韩莹琰和刘超杰编写；第一章由贾月慧、刘杰和梁琼编写；第二章由尚巧霞、祝宁和卢蝶编写，病原形态图由赵明君绘制，部分病害症状图由齐长红、卢志军和席昕提供；第三章由闫哲、李金栋和班丽萍编写，部分害虫图片由薛正提供。本书得到北京农学院蔬菜产业技术提升协同创新中心项目出版专项资金资助。

本书文字部分深入浅出，易懂易学，书后附有大量彩图，既适合生菜生产者使用，又为生菜栽培、肥料管理、植物保护等相关技术研究工作者提供了参考。

由于编者水平有限，疏漏、错误之处在所难免，敬请广大读者朋友批评指正。

编 者

2019 年 8 月

CONTENTS

目 录

绪论　生菜的生物学特性

生菜（*Lactuca sativa* L.）又叫叶用莴苣，俗称鹅仔菜、莴仔菜，为菊科莴苣属一年生或二年生草本植物。生菜可生食，脆嫩爽口，且营养丰富，是一种低热量、高营养的蔬菜。原产欧洲地中海沿岸地区，大约在 7 世纪经过西亚传入我国，可见历史悠久。在我国广东、广西以及东南沿海等地区栽培较多，近年来随着栽培面积迅速扩大，生菜在全国的栽培变得越来越普遍。

生菜具有叶嫩、口感脆爽、风味独特、营养丰富、热量低等特点。根据测定可知，生菜可食用部分中含水分 94%～96%、蛋白质 1%～1.4%、糖 1.8%～3.2%、维生素 C 40～150mg/kg，以及磷、钙、镁、钠、铜、铁、锰等矿物质，并且茎叶中富含多种生物活性物质（如羟基肉桂酸、黄烷醇、香豆素等多酚类化合物），具有抗氧化和抗炎等作用。同时生菜中还含有莴苣素，味苦，对催眠、镇痛、降低胆固醇等有一定的功效。此外，生菜叶片中含有的甘露醇等对扩张血管、清热利尿也有一定的作用。

一、生菜的生物学特性

生菜植株一般高 25～100cm。根为直根系，垂直向下生长，根系浅，主要分布于 20～30cm 的土层中，直播栽培主

1

根较深，侧根少，而移栽侧根比较多。茎直立，单生。营养
生长期为缩短茎，随生长发育茎缓慢加粗，长度为 1～3cm。
全部茎枝白色。基生叶及下部茎叶大，无分裂，互生于缩短
茎上、倒披针形、椭圆形或椭圆状倒披针形，长 6～15cm，
宽 1.5～6.5cm，叶面皱缩或舒展，顶端急尖、短渐尖或圆
形，无柄，基部心形或箭头状半抱茎，边缘波状或有细锯
齿；向上叶渐小，与基生叶及下部茎叶同形或披针形。全部
叶两面无毛，叶色有绿色、黄绿色、紫色等。花序分枝上的
叶极小，卵状心形，无柄，基部心形或箭头状抱茎，边缘全
缘。头状花序多数或极多数，在茎枝顶端排列成圆锥花序。
总苞果期卵球形，长约 1.1cm，宽约 0.6cm；总苞片 5 层，
最外层宽三角形，长约 1mm，宽约 2mm，外层三角形或披
针形，长 5～7mm，宽约 2mm，中层披针形至卵状披针形，
长约 9mm，宽 2～3mm，内层线状长椭圆形，长约 10mm，
宽约 2mm，全部总苞片顶端急尖，外面无毛。舌状小花约
15 枚。瘦果倒披针形，长约 4mm，宽约 1.3mm，压扁，浅
褐色，每面有 6～7 条细脉纹，顶端急尖成细喙，喙细丝状，
长约 4mm，与瘦果几等长。冠毛 2 层，纤细，微糙毛状。

　　生菜是全球普遍栽培的蔬菜，应用的品种繁多，总的归
纳为以下 3 个变种。

　　1. 结球生菜　结球生菜的主要特征是顶生叶形成叶球，
叶球呈圆球形或扁圆形，供食用的器官就是这部分叶球，鲜
嫩爽口。根据结球生菜叶片的质地，又分为脆叶型和绵叶型
两大品种。其中脆叶型的叶片较厚，叶球大而紧实，生长期
较长，产量高，不易抽薹，采种困难，但是口感脆嫩，味道
甘甜，风味极佳，种植面积极广；绵叶型也称软叶型，叶片
较薄，叶球较小，生育期短，产量较低，抽薹和采种都较容

易，口感柔嫩，味道清淡微苦，种植面积也较广。

2. 皱叶生菜　皱叶生菜也称散叶生菜，主要特征是不结球，基生叶，叶片皱缩，簇生的叶丛像大花朵，叶色有绿、黄绿、深紫、浅紫等，因色泽鲜艳，常作为点缀餐宴的配菜。随着人们生活水平的提高，这种生菜的种植面积在逐年增大。

3. 直立生菜　直立生菜又称长叶生菜，其叶狭长，直立生长，叶全缘或有锯齿，叶片厚，肉质较粗，风味较差。这类生菜的栽种面积在逐渐减小。

二、生菜的生长发育时期

生菜的生长发育分为两个阶段，第一阶段从种子发芽到花序开始分化，称为营养生长期；第二阶段从花序分化到种子成熟，称为生殖生长期。生菜作为商品菜生产时，只需完成营养生长即可收获，而作采种栽培时则必须完成营养生长和生殖生长两个阶段。

（一）营养生长期

1. 发芽期　从播种到第 1 片真叶初现为发芽期，其临界形态特征为"破心"或"露心"，需要 8～10d。

2. 幼苗期　从"破心"至第 1 个叶环的叶片全部展开为幼苗期，其临界形态特征为"团棵"，每个叶环有 5～8 枚叶片，该时期如果是直播需要 17～27d，如果是移栽则需要 30～35d。

3. 发棵期　发棵期又称莲座期、开盘期，从"团棵"至第 2 个叶环的叶片全部展开为发棵期，需要 15～30d。此期内结球生菜的心叶开始卷抱，而散叶生菜的心叶趋于直立。此时期是生菜叶面积、全株质量迅速增加的关键时期。

4. 产品器官形成期 此期内结球生菜叶片分化速度降低，外叶不断伸展，心叶加速卷抱形成充实的叶球，达到成熟的标志；而散叶生菜心叶进一步抽出形成叶丛，以齐顶为成熟的标志，需要 25～30d。

（二）生殖生长期

生菜是种子春化型作物，在 2～5℃时需要 10～15d 可通过春化。一般抽薹后会陆续开花，开花后约 15d 瘦果成熟。同一植株从第 1 朵花开放至开花结束持续时间较长，最长可达 40d，整个生殖生长期需要 1～2 个月。结球生菜在叶球将达采收期时进行花芽分化，以后在 22～29℃及长日照条件下很容易抽薹、开花、结实。花芽分化后若气温较低、日照较短，抑制花的发育，叶片发育充分，叶球大而实。生菜的营养生长和生殖生长两个阶段重叠时间较短，但不同品种和不同栽培季节，花芽分化开始的早晚不同。

三、生菜生长的环境条件

生菜喜冷凉，既不耐热又不耐寒，生长适宜温度为 15～20℃，生育期 60～100d。种子较耐低温，在 4℃时即可发芽，发芽适温为 15～22℃。根系发达，但分布较浅，叶面有蜡质，耐旱力较强，但生育期需水较大。在肥沃湿润的土壤上栽培，产量高、品质好。土壤 pH 以 5.8～6.6 为适宜。

（一）温度条件

生菜在不同的生育期所需的温度不同。生菜种子发芽的最低温度为 4℃，最适温度为 15～22℃，经 4～6d 即可发芽，高于 25℃发芽率下降，低于 4℃或高于 30℃发芽受到抑制。幼苗期对温度的适应范围相对较宽，可以忍耐 −1℃或 −2℃的低温，也可在高于 29℃的温度下缓慢生长，最适温度为 16～20℃，白天适宜温度 20℃，夜间适宜温度 16℃。莲座期适温为 18～22℃，结球生菜的适温为 17～20℃，25℃以上叶球生长不良，叶色淡，叶柄细长，还易引起心叶坏死腐烂。产品器官形成期最适温度为 11～18℃，超过24℃，特别是夜间温度超过 19℃时，非常容易引起抽薹，对产量和品质影响极大。生殖生长期最适温度为 22～29℃，在此范围内，温度越高，种子成熟越快。尽管 10℃条件下能够开花，但是不能结实。因此生菜在冷凉环境下产量高、品质好。

（二）光照条件

生菜属于长日照植物，喜中等强度的光照，光补偿点为 1 500～2 000lx，光饱和点为 25 000lx。充足的光照下光合作用旺盛，营养物质形成多，有利于生菜的生长和发育。长日照有利于花芽形成，生菜在春夏季节抽薹开花，其发育的速度随温度的升高而加快，当然速度的快慢也与品种有关，早熟品种敏感一些，而晚熟品种反应较迟钝。种子发芽一般需要 3～6 周，对光敏感，在 10～20℃可以在黑暗中顺利发芽，当温度升高时，黑暗抑制种子发芽，在 25～30℃的范围内，光对发芽有极大的促进作用。因此，在直播中，其他条件适宜的情况下，覆土比不覆土或浅覆土种子发芽要慢。

（三）水分条件

生菜体内含水量高，茎叶组织柔嫩，不耐干旱，整个生育期都需要均匀而充足的水分。幼苗期土壤不能干燥，也不能过湿，以免幼苗老化或徒长。发棵期要适当控水，使莲座叶充分分化、发育，同时促进生菜根系的发育。散叶生菜的器官形成期和结球生菜的结球期需水量大，如果缺水则叶小、苦味增加、产量和品质下降，特别是结球生菜的叶球小、味苦、松散；当然此时的水分也不宜过多，否则会发生裂球现象，引起病虫害的发生。

（四）土壤条件

生菜喜中性或微酸性土壤，pH 大于 7 和小于 5 生长都会受到影响。由于生菜的根系分布较浅，吸收水分和养分的能力较弱，对氧气的要求较高，因此应选择肥沃、通透性能良好的壤土和沙壤土进行栽培，其发根快，生长发育好，反之则差。生菜是叶类蔬菜，对氮素的需求量较大，要有充足的氮肥供应，缺氮会直接影响叶片的分化，叶片数减少，叶球发育明显受到抑制；磷素对生菜的发育也有重要的影响，缺磷对幼苗期影响最大，会使叶数变少、根系生长不良、植株变小、产量降低等；缺钾同样会使生菜的叶和叶球都明显变小，造成减产。因此，在整个生长期间宜多施氮肥，并注意配合施用磷、钾肥，氮、磷、钾的比例应该为 1∶0.47∶1.76。同时注意中微量元素的补充，因为缺乏这些元素同样会使产量降低、品质变差。例如，缺钙会引起生菜的"干烧心"，缺镁使生菜叶片失绿，缺铜造成叶片失绿干枯、不结球等症状。

第一章 生菜的施肥技术

第一节 生菜的需肥特征及缺素症状

一、生菜的需肥特征概述

生菜的生长发育可分为营养生长和生殖生长两个时期：营养生长期是从发芽开始，经历幼苗期、发棵期到产品器官形成期；生殖生长期是从茎端分化花芽开始，达到一定积温就可以抽薹，到种子成熟为止。生菜一生需要最多的3种营养元素为氮、磷、钾。不同时期所需要氮、磷、钾的量有所不同，氮素对生菜各时期的影响都是最大的，生长初期氮素不足，叶片数、叶片质量都会降低，如果及时补充氮的供应，对最终的产量影响不大，但是如果在发棵期（莲座期）、结球前期、结球中期缺乏氮素，对产量的影响将是最大的。尽管生菜吸收磷的量在三元素中最少，但是磷素对生菜生殖生长的影响是最大的，特别是在苗期缺磷，将会导致生菜无法完成生活史，并且即使后期补施磷素，也无法弥补，生长中后期缺磷对生菜的影响程度将逐渐减小。钾也是生菜需要量非常多的一种元素，当产量较高时，其需要的总量会超过氮的量，因此钾对生菜的发育和产量影响很大。若生长初期和中期钾素不足，尽管对外叶质量的影响不大，但会影响发棵和叶球的质量，因此对生菜产量的影响巨大。生菜还需要钙、镁、铁、锌、硼、锰等中微量元素，特别是钙，生菜对钙很敏感，缺钙时新叶干瘪，严重时新叶大面积干枯、腐烂，即俗称的"干烧心"，严重影响外观和产量。可以通过叶面追肥进行补施，在发棵期喷施效果较好，一旦开始包球，叶面喷施的效果将降低。因此，如果生长的环境（如土壤、基质等）中发现微量元素不足应及早施用，以免影响品质和产量。

二、生菜的需肥量及其分配比例

一般认为，每 1 000kg 生菜需要从环境中吸收氮（N）2.53～3.70kg、磷（P_2O_5）0.71～2.17kg、钾（K_2O）3.18～5.11kg，不同品种和生长季节以及环境条件都会影响生菜对养分的吸收。生菜生长迅速，喜氮肥，生长初期吸肥量较少，但是对磷的需求非常迫切，因此底肥中要将磷肥施足。当播后 70～80d 进入发棵期或结球期时，养分吸收量急剧增加，在此时期氮的吸收量占全生育期的 80% 以上，对磷、钾的吸收与氮相似，特别是对钾的吸收，不仅吸收量大，而且一直持续到收获。

三、生菜缺素症状及补救措施

1. 缺氮的症状及补救措施 氮元素是植物合成蛋白质、核酸、叶绿素、一些维生素、生物碱、激素的原料，缺氮后这些物质的合成受阻，同时氮在植物体内的移动性很强，并优先满足生长中心的需要，因此缺氮后的外在表现是从老叶开始，叶片发黄、发白，生长缓慢，严重时慢慢死亡。补救措施是叶面喷施 0.2%～0.3% 的尿素溶液 2～3 次。

2. 缺磷的症状及补救措施 磷元素是核酸、核蛋白、细胞膜的组分，参与氮代谢、糖代谢、脂肪代谢，缺磷时细胞分裂受阻、代谢功能变缓、抗逆性降低，所以生菜变得矮小、叶片数少，而且出现叶色暗绿和生长较弱的现象，缺磷对幼苗的影响最大，产量低下。补救措施是叶面喷施0.2%～0.3%的磷酸二氢钾溶液2～3次。

3. 缺钾的症状及补救措施 钾元素在植物体内主要是促酶活化、增强光合作用、参与物质合成和运输、调节细胞渗透、促进生长。当缺钾时，生菜的外叶会出现叶脉间不规则的褐色斑点，叶球明显变小造成减产。补救措施是叶面喷施0.3%～0.5%的磷酸二氢钾溶液2～3次。

4. 缺钙的症状及补救措施 钙元素是细胞壁的组分，缺钙时细胞板不能正常形成，因此细胞无法分裂，从而形成双核细胞；它维持细胞膜的完整性，参与信息传递、极性生长，与有性繁殖息息相关，因此缺钙后生长受阻，易出现叶缘干枯，同时钙在植株体内的移动性不强，缺钙首先在新叶上出现褐色、叶边缘细胞坏死等症状。补救措施是叶面喷施0.5%的氯化钙或0.3%的硝酸钙溶液2～3次。

5. 缺镁的症状及补救措施 镁元素是叶绿素的组分，缺镁时生菜的老叶出现叶脉失绿变黄，形成清晰的网状花叶，有的还出现褐色的斑点，并逐渐向新叶发展。补救措施是叶面喷施0.2%～0.3%的硫酸镁溶液2～3次。

6. 缺铜的症状及补救措施 铜主要参与酶的合成、光合作用、氮的固定以及花器官的发育。缺铜时，叶片变窄，顶端枯萎，嫩叶出现坏死，严重时造成叶片早落，结实率降低。补救措施是叶面喷施0.2%～0.3%的硫酸铜溶液2～3次。

7. 缺锌的症状及补救措施 锌不仅是植物体内很多酶的组分，而且参与蛋白质代谢、激素合成以及生殖器官的发育。当生菜缺锌时，会出现老叶枯萎，植株生长弱小，矮生状态，叶小而扭曲，严重时无法长成种子。补救措施是叶面喷施 0.1%～0.2% 的硫酸锌或螯合锌溶液 2～3 次，症状可以得到缓解。

8. 缺铁的症状及补救措施 铁是植物叶绿素合成必需的元素，它还参与核酸、蛋白质的合成，植物呼吸与铁也有密切的关系。缺铁时，生菜整株叶片变成黄绿色，严重时叶片变成黄白色。补救措施是叶面喷施 0.2%～0.3% 的硫酸亚铁溶液 2～3 次。

9. 缺锰的症状及补救措施 锰元素在植物体内主要参与光合作用，是多种酶的组分，在氧化还原反应中起调节作用。缺锰时，幼叶叶脉间失绿，容易出现不规则的白色斑点。补救措施是叶面喷施 0.03%～0.05% 的硫酸锰溶液 2～3 次，症状可以得到缓解。

10. 缺硼的症状及补救措施 硼元素在植物体内的作用主要是促进光合产物的运输和代谢，促进细胞的伸长和分裂，参与生殖器官的发育。缺硼时，生菜的根系发育不良，会严重影响作物对养分的吸收，同时叶片容易外卷、叶片发黄、新叶生长受阻。补救措施是叶面喷施 0.05%～0.1% 的硼砂溶液，隔周再喷施 1 次。

第二节　生菜的育苗技术与施肥

生菜的种子小，顶土能力弱，生产中一般采用育苗移栽。为保证生菜的产量，幼苗的质量非常关键。为培育壮苗，不仅要考虑育苗时间、品种差异、种子处理技术、苗床及土壤要求，而且要特别注意苗期的营养和管理等方面。下面根据栽培时间，分为春季栽培、秋季栽培和冬季栽培介绍育苗技术与施肥。北京地区生菜栽培季节及方式见表1-1。

表1-1 北京地区生菜栽培季节及方式
（张福锁，1995）

栽培季节	栽培方式	播种育苗时间	定植时间	收获时间
	露地	3月上旬	4月上中旬	5月中下旬至6月上旬
春季栽培	改良阳畦	1月上中旬	2月中下旬	4月中旬至5月上旬
	大棚	1月中下旬	2月下旬至3月上旬	4月中旬至5月上中旬
夏季栽培	保护地遮阳防雨	4月上旬至6月上旬	5月上旬至7月下旬	6月下旬至9月上旬
	露地	7月	8月	9月中下旬至10月中下旬
秋季栽培	改良阳畦	8月下旬	9月下旬	11月中下旬
	大棚	8月上中旬	9月上中旬	11月上中旬
秋冬季栽培	加温及节能型温室	9月上中旬	10月中下旬	12月中下旬至翌年1月中下旬
冬季栽培	加温及节能型温室	10月中旬至11月中旬	11月下旬至12月下旬	2月上旬至3月中下旬
冬春季栽培	加温及节能型温室	11月上旬至12月中旬	1月上旬至2月上旬	3月上旬至4月上旬

一、春季栽培的育苗技术与施肥

北京地区春季塑料大棚栽培生菜可在1月中下旬播种育

苗，春季露地栽培可在 3 月上旬播种育苗。露地春茬应该选用早熟品种（如美国大速生、嫩绿奶油生菜及彩叶生菜等），在夏季高温到来之前就可以采收。如果栽培稍晚，就应该考虑耐热性好的品种，以散叶生菜品种为主。

生菜一般在 1 月上中旬阳畦播种育苗较适宜，而春季阳畦播种的主要问题是地温不足，出苗慢，因此为使苗齐、苗全、苗壮，应先进行催芽。春季生菜播前浸种催芽的方法：筛选成熟饱满的种子先用 25～30℃ 的温水浸种 7～8h，然后捞出，稍干，于 15～20℃ 条件下催芽，当有 80% 的种子出芽即可播种。

苗床质量的好坏与能否培育壮苗有直接的关系。由于春季温度较低，采用温室、塑料大棚或小棚栽培时，苗床应选择在阳光充足、地势较高而且平坦、排灌方便的地方，同时应注意选择前茬残留菊科蔬菜病菌少的地方为佳。一般播种育苗的培养土以菜园土为主，约占 60%，辅以充分腐熟的优质有机肥，约占 40%，将其打碎后过筛，同时加入磷酸二氢钾 0.05kg/m² 混匀，保证床土疏松透气、保水保肥。可以筑成平畦，如果是地膜覆盖则可筑成小高畦。畦面整平后浇水，水下渗后可以在畦面上撒一层细沙，然后播种。由于生菜的种子较小，可以拌上少量的细沙土，然后撒播，这样播种更均匀。播种后可以覆盖一层 1～2mm 厚的细土，并覆盖地膜增温保湿，促进生菜种子发芽。一般苗床的面积与定植面积之比约为 1∶20，过大会造成浪费。

配制营养土时有机肥应充分腐熟，最好在夏季开始堆沤，按照堆肥的标准每添加一层有机物质，添加一层人粪尿，共堆置 4～5 层，最底层铺设一层黏土。每隔 1～2 个月翻堆一次，经过夏、秋两季的充分发酵，于上冻前进行粉碎过筛，在堆置的过程中可以加入 3～5kg/m³ 过磷酸钙，以提高磷肥的肥效。

二、秋季栽培的育苗技术与施肥

北京地区秋季露地栽培生菜一般在 7 月育苗，8 月移栽，9 月中下旬至 10 月中下旬收获。应选择耐低温、抗病的品种，如 14624 结球生菜、花叶生菜和玻璃生菜等。

7 月播种，此时正处于高温季节，种子须经低温处理后再播种，方法是：将种子在温水中浸泡 3～4h，待充分吸水后捞起、控水，然后用纱布包好，放入冰箱冷藏室催芽，一般温度控制在 5℃左右，经 4～5d 有 70％的种子露白后即可播种。当然在没有冰箱的地区，可以采用井内吊挂催芽，具体做法：将浸泡好的种子稍晾后装入布袋中，吊挂于井中，距离水面 0.5m 左右，每天取出用清水淘洗一遍，经 3～4d 大部分种子出芽即可播种。当然采用植物生长调节剂处理种子，例如用细胞激动素 100mg/L 溶液浸种 3min，或用赤霉素 1 000mg/L 溶液浸种 2～4h，然后催芽，效果也很好。7 月正处于高热阶段，因此在播种前床土要浇透水，播后地面要覆盖遮阳网，以减少水分蒸发。待 60％～70％的幼苗出土后，须及时揭去地面覆盖物，但仍需遮阴，以防高温下幼苗被晒死。

苗床土与春季栽培用苗床土的配制方式一样，但由于天气炎热，病虫害频发，为防止土壤带菌，可以将苗床土进行翻晒消毒，同时可以进行土壤化学消毒，每立方米培养土用 40％甲醛 400～500mL 加 50 倍的水配成稀释液，将溶液均匀喷洒到苗床土上；也可以将 50％多菌灵可湿性粉剂按照 25～30mg/kg 苗床土的比例配成溶液，喷洒到苗床土上，充分混匀，然后用塑料薄膜覆盖密封，3～4d 即可杀死土壤中的立枯病、枯萎病等病菌。如果采用直播，可以对种子进行消毒，播种前用 75％百菌灵粉剂或 50％多菌灵可湿性粉剂拌种，注意拌种后立即播种，不可放置过夜，以免影响种子发芽。

播种后要注意保持苗畦湿润，不宜过干或过湿。经 5～6d 种子出土时，应及时揭去覆盖于苗床上的地膜或秸秆。幼苗真叶展开时可进行 1 次间苗，要防止温度过高和湿度过大，注意降温排湿。苗床温度以白天保持在 18～20℃、夜间保持在 12～14℃为宜，白天应该适当遮阴，保证幼苗正常生长。

苗出齐后进行间苗，间苗一般在 1 叶 1 心时进行，控制苗距约为 3cm 即可，同时施 1 次追肥。整个苗期都要保持土壤湿润，否则育苗不理想。当幼苗有 3～5 片真叶时即可定植。

如果晚秋育苗进行设施生菜栽培，育苗时要注意避免夜晚温度骤降，需要适当保温，以保证苗全、苗壮、苗齐。

三、冬季栽培的育苗技术与施肥

北京地区冬季日光温室栽培生菜，一般于 10 月中旬至 11 月中旬育苗，11 月下旬至 12 月下旬定植，这时气温已经下降，所以应该选择耐低温、耐弱光、早熟、丰产的品种，如从澳大利亚引进的雷达结球生菜、散叶生菜类型等。

冬季育苗在加温条件好的地区可以用苗床育苗，同时还可以用营养钵育苗，营养钵育苗主要有用种量少、成活率高、管理容易、苗的质量较高的特点，并且移栽时对苗的伤害较小，缓苗迅速。往营养钵中装营养土时不应过多，应距边缘 1~1.5cm，以便播种时覆土和浇水。现在的大规模生产中多采用穴盘基质育苗。生产中常用的基质有蛭石、草炭、珍珠岩、沙、石砾、炉渣等，因为生菜的根系较细密，所以需要基质有较大的孔隙状况，并富含有机质，排水良好，通透性好。生菜的播种基质采用草炭、蛭石按 1∶1 混合，分苗基质采用草炭、蛭石按 3∶1 混合，移栽时带基质一起栽植到田间。选择穴盘时要根据所需苗龄的大小。培育 3~4 片叶小苗龄的生菜苗，可选择 128 孔的苗盘；如果培育 4~5 片叶大苗龄的生菜苗，就选择 72 孔的苗盘。一般穴盘内播种 2~3 粒种子，出苗后留 1 株健壮的幼苗即可，每 $667m^2$ 用种量为 10~15g。

不论是春季还是秋冬季节生菜育苗，都要根据生菜的生理特性对外界环境进行必要的调节，以适应生菜的需要，保证幼苗的质量，这样才能为生菜高产栽培打好基础。

第三节　生菜的测土配方施肥技术

生菜一年四季均可栽培，温度适宜可进行露地栽培，气温下降可进行设施栽培，生菜主要的栽培模式有露地栽培、春秋大棚提早和延后栽培、日光温室生菜栽培以及无土栽培。不同的栽培模式，生菜生长过程中的施肥量、施肥技术以及施肥要点也有差异。

一、生菜施肥概述

根据生菜的需肥特征，氮（N）、磷（P_2O_5）、钾（K_2O）的比例是 1∶0.42∶1.67，这一比例在不同的土壤上存在差异。按照传统的施肥方式，无论是露地栽培还是设施栽培，全生育期每 $667m^2$ 的施肥量为农家肥 2 500～3 000kg，或商品有机肥 350～400kg，氮肥（N）14～17kg，磷肥（P_2O_5）6～8kg，钾肥（K_2O）11～13kg。有机肥作基肥，氮、钾肥分基肥和追肥施用，磷肥全部作基肥。化肥和农家肥或商品有机肥可以混合施用。

1. 基肥 施入全部的有机肥或商品有机肥，氮肥施用全量的 15％左右，折合尿素每 $667m^2$ 施 4～5kg；磷肥一次性施用，折合磷酸二铵每 $667m^2$ 施 13～17kg；钾肥施用全量的 40％左右，折合硫酸钾每 $667m^2$ 施 10～12kg；土壤缺钙的情况下，每 $667m^2$ 施硝酸钙 20kg。

2. 追肥 氮、钾肥分为 3 次施用。

（1）发棵期（莲座期）追肥 幼苗期结束后氮肥施用占全量的 20％左右，折合每 $667m^2$ 施尿素 6～8kg；钾肥施用占全量的 20％左右，折合每 $667m^2$ 施硫酸钾 5～6kg。

（2）结球初期追肥 氮肥占全量的 45％左右，折合每 $667m^2$ 施尿素 9～12kg；钾肥施用占全量的 20％左右，折合每 $667m^2$ 施硫酸钾 5～6kg。

（3）结球中期追肥 氮肥施用占全量的 20％，折合每 $667m^2$ 施尿素 6～8kg；钾肥施用占全量的 20％左右，折合每 $667m^2$ 施硫酸钾 5～6kg。

3. 根外追肥 在结球期可叶面喷施 0.2％磷酸二氢钾溶液 2～3 次。土壤缺钙的情况下，可在莲座期叶面喷施 1％硝酸钙溶液，连续喷施 3 次，每 7d 喷施 1 次，莲座期结束后停止喷施。如果出现微量元素缺乏的症状，可以喷施相应的微量元素肥料，进行相应的补救。此外，在设施栽培中，特别是冬季栽培中可增施二氧化碳气肥，以提高生菜的光合效率。

16

二、生菜测土配方施肥技术

测土配方施肥是以土壤测试和肥料田间试验为基础，根据作物对土壤养分的需求规律、土壤养分的供应能力和肥料效应，在合理施用有机肥料的基础上，提出氮、磷、钾及微量元素肥料施用量、施肥时期和施用方法的一套施肥技术体系。配方施肥的方法可分为测土施肥法、肥料效应函数法和作物营养诊断法。其中测土施肥法是以测定土壤养分的有效含量为基础，在播种前确定施肥品种和根据往年的产量进行相应的计算，确定相应经济合理的施肥量。首先需要采集与制备田间土壤样品，然后进行实验室的测定，再对分析结果做出判断，最后提出合理的施肥建议。根据以上所述，生菜测土配方施肥的具体步骤如下：

（一）进行相应的田间试验

1. 确定试验生菜品种及肥料种类 一般选择本地的主要品种，试验地最好选择有利用历史记录的土地，以便详细了解地块的情况。对于保护地来说，应该提前观察生菜的生长状况，通过长势和整齐程度预判断土壤肥力的差异，因为蔬菜地同时栽培几种蔬菜使得土壤肥力不太均匀。试验中所选用的肥料尽量是生产中常用的、养分含量相对稳定的单质肥料，并且不影响蔬菜生长的肥料（例如忌氯作物不选用含氯的肥料），同时注意要从正规公司购买肥料。一般建议所用的单质肥料有硫酸铵（含氮量 21%）、普通过磷酸钙［含磷（P_2O_5）量 18%］、硫酸钾［含钾（K_2O）量 50%］，在生产中也常用磷酸二铵（15 - 15 - 15 或 16 - 16 - 16）复合肥料。然后进行相应的田间试验：采用"3414"试验设计方案，它是指氮、磷、钾 3 个因素，每个因素 4 个水平，共 14

个处理的肥料设计方案，其具体处理见表 1 - 2。每个水平设置重复 3～4 次。

表 1 - 2 "3414" 试验方案的处理

试验编号	处理	氮	磷	钾
1	$N_0P_0K_0$	0	0	0
2	$N_0P_2K_2$	0	2	2
3	$N_1P_2K_2$	1	2	2
4	$N_2P_0K_2$	2	0	2
5	$N_2P_1K_2$	2	1	2
6	$N_2P_2K_2$	2	2	2
7	$N_2P_3K_2$	2	3	2
8	$N_2P_2K_0$	2	2	0
9	$N_2P_2K_1$	2	2	1
10	$N_2P_2K_3$	2	2	3
11	$N_3P_2K_2$	3	2	2
12	$N_1P_1K_2$	1	1	2
13	$N_1P_2K_1$	1	2	1
14	$N_2P_1K_1$	2	1	1

注：0 水平表示不施肥，2 水平指当地最佳的施肥量，1 水平是 2 水平的一半，3 水平是 2 水平的 1.5 倍。

2. 采样方法和时期 首先是基础土壤样品的采集，在种植前生菜生育期内的采样，包括土壤样品和植物样品。采集的样品要具有代表性和典型性，因此采样点的位置要根据施肥方式、灌溉模式和耕作状况来确定。每小区的第一行为保护行，保护行和小区周边不能取样。如果露地栽培，面积较大，距边缘 1～2m 内不能采样。生菜的根系较浅，土壤采样深度为 0～30cm，采样一定是在施肥前或者采收后。每个采样单元选取采样点 10～20 个，采样路线按照 S 形或 W

形，在每个小区取 4～5 个样品，取样后混合，带回实验室
阴干、磨碎、装袋备用。其次是生菜样品的采集。生菜取样
时间应该根据生育时期，即发芽期、幼苗期、发棵期（莲座
期）和器官形成期（结球期），每个时期每小区内随机取样
4～7 株，测定鲜重和干重，然后杀青、烘干、磨碎、过筛、
装瓶备用。

（二）室内测定

测定结果主要是为氮肥、磷肥、钾肥推荐施肥方案提供
依据，因此测定项目应该包括土壤酸碱度，土壤有机质、土
壤有效磷、土壤速效钾、土壤硝态氮的含量，以及生菜中
氮、磷、钾和微量元素的含量等。

1. 种植基地土壤样品的测定指标与方法

（1）土壤酸碱度的测定 土壤酸碱度（pH）是土壤的
基本性质之一，也是影响土壤肥力的重要因素之一。测定土
壤 pH 通常采用电位法和比色法，电位法比比色法精度高，
因此电位法应用比较普遍，比色法可用于田间测定。将土样
与水分（为了接近自然土壤的实际状况，可以将水配成
1mol/L KCl 或者 0.01mol/L $CaCl_2$ 的水溶液）按照 1∶2.5
或者 1∶1 的比例进行混合，静置后用电极测定即可。详细
方法可以参见《土壤农化分析》。

（2）土壤有机质含量的测定 土壤有机质是土壤的重要
组成成分，有机质含量可以衡量土壤肥力的高低。测定土壤
有机质含量可采用重铬酸钾氧化外加热法，加热的方法可以
采用电热板加热、石蜡油浴或磷酸浴加热等，用磷酸浴加热
相对污染较小，误差也较小。该方法测定简单，不受碳酸盐
的干扰，结果准确度高。此方法的原理、具体测定步骤、注
意事项等可以参见《土壤农化分析》。

（3）土壤有效磷含量的测定　采用化学方法测定的土壤有效磷含量是土壤供磷能力高低的相对指标，它是合理施用磷肥的重要依据。目前采用的浸提液是 $0.5mol/L$ $NaHCO_3$ 溶液（即常用的 Olsen 浸提液），该浸提液适用于各种酸碱性土壤。也可以用 $0.03mol/L$ $NH_4F-1mol/L$ HCl 溶液作为提取液，这种溶液适用于酸性土壤和强酸性土壤。将提取液用钼蓝比色法测定即可。

（4）土壤速效钾含量的测定　一般土壤中钾的含量比较高，但是大部分是无效的，因此测定全钾含量的较少，而应该测定土壤中速效钾的含量。由于植物吸收的钾主要来自速效钾，但是土壤中的速效钾主要来源于土壤中的缓效钾，所以除测定土壤速效钾含量外，还应该多关注土壤缓效钾含量和土壤质地。测定土壤速效钾含量采用的浸提液为 $1mol/L$ NN_4Ac，然后用火焰光度计测定即可。

（5）土壤硝态氮含量的测定　土壤有效氮主要包括无机态氮和可矿化态氮两种，在一定的条件下它们可以为生菜生长提供氮素。在生长的关键时期，也可以通过生菜的营养诊断方法来反映土壤的供氮能力。国际上旱作可通过测定土壤中的硝态氮含量进行氮肥指标的推荐。测定时采用的浸提液有 $0.01mol/L$ $CaCl_2$ 或 $CaSO_4$ 溶液、$1mol/L$ KCl 溶液或 $2mol/L$ $NaCl$ 溶液等。浸提液中的硝态氮采用酚二磺酸显色，然后可以用分光光度计、紫外分光光度计法，或者还原-蒸馏法、硝酸根滴定法或流动分析仪进行测定。

2. 生菜植物样品的测定指标与方法

（1）生菜中氮、磷、钾含量的联合测定　生菜中氮、磷、钾含量的测定需要先将样品进行预处理，即样品消化，目前常用的方法是硫酸-过氧化氢消煮法，然后转移、定容，待测。取待测液用凯氏定氮法测定全氮含量。当样品中磷的含量高时用钒钼黄显色，如果含量较低则用钼锑抗显色，然后用分光光度计进行测定。钾的含量一般用火焰光度计测定。具体的实验原理和步骤可以参见《土壤农化分析》。

（2）生菜中微量元素含量的测定　采用干灰化或者湿灰化进行样品的预处理。干灰化需要用高温电炉在 $500 \sim 550℃$ 条件下处理 $4 \sim 6h$，冷却后用稀硝酸溶解，定容，待测。湿灰化法利用硝酸-高氯酸、硫酸-高氯酸、硝酸-硫酸-高氯酸等混合酸进行样品分解，制成待测液，将待测液用原子吸收分光光度计（AAS）或电感耦合等离子发射光谱仪（ICP-AES）进行测定。

（三）试验结果分析

通过小区试验和土壤、生菜中养分含量的测定，可以计算不同试验中氮、磷、钾缺乏时的相对产量和相对养分吸收量。针对"3414"试验而言（表 1-2），$N_0P_2K_2$ 处理的相对养分吸收量如下：

$$缺氮的相对产量 = \frac{处理2（N_0P_2K_2）产量}{处理6（N_2P_2K_2）产量} \times 100\%$$

$$(1-1)$$

$$缺磷的相对产量 = \frac{处理4（N_2P_0K_2）产量}{处理6（N_2P_2K_2）产量} \times 100\%$$

$$(1-2)$$

$$缺钾的相对产量 = \frac{处理8（N_2P_2K_0）产量}{处理6（N_2P_2K_2）产量} \times 100\%$$

$$(1-3)$$

$$缺氮的相对吸氮量 = \frac{处理2（N_0P_2K_2）吸氮量}{处理6（N_2P_2K_2）吸氮量} \times 100\%$$

$$(1-4)$$

$$缺磷的相对吸磷量 = \frac{处理 4（N_2 P_0 K_2）吸磷量}{处理 6（N_2 P_2 K_2）吸磷量} \times 100\%$$

$$(1-5)$$

$$缺钾的相对吸钾量 = \frac{处理 8（N_2 P_2 K_0）吸钾量}{处理 6（N_2 P_2 K_2）吸钾量} \times 100\%$$

$$(1-6)$$

利用 2～3 年的研究周期内，对生菜的产量和氮、磷、钾的吸收量进行氮、磷、钾缺乏与否的判定，并利用计算机软件绘制出土壤中有效氮、磷、钾与生菜产量的关系图，模拟出 $y = a\ln（x）+ b$ 关系式，其中 y 为生菜产量，x 为有效氮（或磷，或钾）含量，a、b 为常数。以相对产量的 50%、75%、95% 为标准，确定土壤养分的丰缺指标。

完成以上工作后，就可以针对不同肥力水平确定出推荐施肥量。将每个试验基地的产量与施肥量之间进行回归分析，建立肥料效应函数。通过边际效应分析，计算出最佳施肥量和最高产量施肥量。

（四）生菜种植中肥料的推荐施用量及分配

1. 氮肥的推荐施用量 由于氮素在土壤中的转化较复杂，因此除通过测定生菜植株体内和种植基地土壤中养分的含量外，还要考虑生菜的品种、各品种根系的特点、土壤中氮素的各种损失途径及量的多少，当然在一些地区地下水中氮的含量也是应该考虑的一个因素。露地栽培生菜推荐施肥量见表 1-3，在旱地土壤中无机氮的 70%～95% 都是硝态氮，因此田间条件下在推荐前只测定根层土壤硝态氮含量即可，根据生菜根层硝态氮含量（kg/hm^2）的测定值可以确定氮肥的施用量。

氮肥（N）推荐施用量（kg/hm^2）＝氮素供应目标值－

播前（种植前）根层土壤硝态氮含量 　　　　　　　　(1-7)

表1-3　生菜种植中氮肥的推荐施用量（仅供参考）

中等偏上目标产量 (t/hm²)		地上部氮、磷、钾养分的带走量 (kg/hm²)			氮素供应目标值 (kg/hm²)
经济产量	总生物量	N	P₂O₅	K₂O	
15~30	15~30	31~63	11~21	48~96	225~270

2. 磷肥和钾肥的推荐施用量　由于土壤中磷、钾的转化相对简单，因此可以根据土壤有效磷、速效钾的测定值进行相应地分组，再根据生菜每季带走的数量，确定施用磷、钾肥的数量（表1-4）。

表1-4　生菜种植中磷、钾肥的推荐施用量（仅供参考）

地力分级	土壤中有效磷的含量 (mg/kg)		土壤中速效钾的含量 (mg/kg)	相应磷、钾肥的推荐量 (kg/hm²)		磷、钾肥推荐标准
	露地	保护地		P₂O₅	K₂O	
低	0~20	0~50	0~80	21.5~52	72~154	生菜带走量的1.5~2.0
中	20~60	50~150	80~150	16.5~42	65~96	生菜带走量的0.8~1.5
高	>60	>150	>150	11.5~31	48~77	生菜带走量的0~0.8

3. 生菜生长发育中肥料的分配　采用单质肥料，其分配比例按照试验的结果，磷肥全部作为基肥施用；氮肥中15%作基肥施用，追肥的施用发棵期（莲座期）占20%，器官形成期（结球期）占65%，可以分2次施用；钾肥中40%作基肥施用，追肥的施用发棵期（莲座期）占20%，器官形成期（结球期）占40%，可以分2次施用。

第四节　生菜不同栽培模式下的
施肥技术

生菜是需肥较多的蔬菜，生长初期生长较慢，养分需要量较少，但到器官形成期（结球期）需肥量几乎呈直线上升。生菜一生中一般钾的需要量最多，其次是氮，磷最少，当然还需要各种微量元素。

一、露地生菜栽培与施肥技术

根据生菜的生长习性，北方地区露地栽培应该在 3 月上旬播种，4 月定植，5 月中下旬至 6 月上旬收获，或者 7 月播种，8 月定植，9 月中下旬至 10 月中下旬收获。

在播种前或定植前首先整地，生菜的生长期较短，从定植到收获仅需要 40～50d 的时间，因此要有充足的水肥供应。定植前施用底肥，施用商品有机肥 4.5～6.0t/hm² 或处理过的农家肥 45～60t/hm²，并加入复合肥料（养分总量为 30%，氮、磷、钾的比例为 1∶0.34∶1.50）300～450kg/hm²，或施用过磷酸钙 2 250kg/hm² 和草木灰 1 500kg/hm²（也可以施用硫酸钾 15～23kg/hm²）。将肥料撒施于地表，然后翻耕入土，施用一次底肥可以连续种植生菜 3～4 茬。因为生菜的根系较浅，因此整地一定要精细，最好翻耕两次，深度在 20～25cm，复合肥也可沟施，以提高肥效。春秋季一般做平畦，为了利于夏季排水，可以做成小高畦。但是如果地下水较高或土壤质地黏重、排水不良的地块，也应该做成小高畦，以防止土壤积水和湿度过大而影响根系生长。在北京地区种植密度可以控制在 8 万株/hm²，株行距为 38cm×35cm 或 40cm×30cm。小株型品种如凯撒种植密度可以控制在9万株/hm²，株行距为30cm×30cm；而对于大株型品种如前卫75是结球品种，外叶较大而多，株行距控制在45cm×45cm左右；一般散叶生菜密度可以大一些，株行距为25cm×25cm即可。移栽时先给苗床浇水，下渗后稍微干燥一些，尽量少伤根，带土移栽，现在用穴盘育苗，整株移栽更好。运苗过程中要注意不要散坨伤根。定植时深度要一致，不宜太深，生菜的根系较细，容易受伤，苗坨的平面与地面相平即可，苗要栽得正而且直，定植穴要用土封严，并及时浇透水，以利于缓苗。生菜的幼苗非常脆嫩，不耐干旱，边定植边浇水最好。

生菜的可食部分是新鲜的叶片或叶球部分，追肥应以无毒害的化学肥料为好，不宜施用有机肥料，更不宜施用人粪尿。施足底肥，尽量少用追肥。一般在生菜移栽后5～7d施用第一次追肥，以氮为主，快速生长阶段，施用尿素150kg/hm²或硫酸铵225kg/hm²；定植20d左右时可以进行第二次追肥，施用氮磷钾复合肥料较好，施用量为225～300kg/hm²，促进发棵莲座叶的形成；到30d的时候，可以再施1次复合肥料，施用量为150～300kg/hm²，促进器官的形成，使结球更大、产量更高。浇水和施肥经常同步进行，定植时浇足缓苗水，7d后注意中耕保墒。因为生菜主要是鲜食，为保障生菜的鲜嫩可口，水分很关键，一定不能缺少水分供应，但是也不能太多。生菜浇水要根据季节而有差异，春季早熟品种的栽培，气温较低，土壤的蒸发量较小、速度较慢，水量不宜过大，一般7～10d浇水1次；春末夏初露地栽培时，气温逐渐上升，北方多风少雨，浇水需要量大而勤，一般5～7d浇水1次；夏季栽培时，因气温高、雨水大，可以不浇水或少浇水，但遇干旱的年份则需要勤浇水，3～4d浇水1次，这时浇水不但能满足生菜的需水要求，而且可以降低土温。土壤质地不同，浇水也有差异，沙性强的土壤要勤浇水，而黏重的土壤则应少浇水。定植缓苗期一定要保持土壤湿润，到生长旺盛时期，即发棵期、器官形成期需要大量的水分，不可干旱，否则不仅影响产量，还影响生菜的品质，口感发苦，影响经济效益。进入采收期，一定要注意控制水分，防止叶球胀裂和烂心。当然施肥和浇水是配合进行的，同时应该注意中耕除草，缓苗后进行中耕可以使土壤疏松、透气，促进根系生长，同时还可以保墒、除去杂草。

二、设施生菜栽培与施肥技术

生菜设施栽培的主要模式有：春季提早栽培，可以采用塑料大棚、日光温室和塑料小拱棚；秋季延后栽培，采用塑料大棚；越冬栽培，主要采用日光温室。此外，还有越夏降温避雨的休闲栽培。

（一）春季提早栽培与施肥技术

1. 栽培技术 春季提早栽培可采用塑料大棚、小拱棚和日光温室。北京地区一般栽培时间为1月中下旬育苗，2月下旬至3月上旬定植，4月中旬至5月上中旬收获，大棚内的温度只要稳定在5℃左右，不低于0℃，即可种植。一般定植后至缓苗前不放风，可以提高棚内温度，白天温度以不低于18～22℃为好，夜间以10℃以上为佳。缓苗后白天生长的最适温度为20～22℃，夜间为12～15℃，棚内温度最好不超过25℃，否则容易造成徒长，不利于包心结球。大棚内的温度可利用通风进行调节，既要防止寒害、冻害，4月气温上升以后又要防止高温，一天内需要大通风一次。

2. 施肥技术

（1）基肥　由于冬季土温较低，养分的运移速度也会下降，需要加大施肥量，一般基肥在定植前 7～10d 施用，撒施于地表，然后翻耕 20～25cm，耙平做畦。施用量为商品有机肥 4.5～6.0t/hm² 或处理过的农家肥 45～60t/hm²，再施用腐殖酸包膜尿素 150～180kg/hm²、腐殖酸型过磷酸钙 375～450kg/hm² 和商品钾肥 180～225kg/hm²。当然也可以施用生菜专用肥料（养分总量为 32%，氮、磷、钾的比例为 1：0.34：1.50）。

（2）追肥　缓苗后施用尿素 90～120kg/hm² 或生菜专用肥 150～180kg/hm²。第二年返青后，施用腐殖酸包膜尿素 150～180kg/hm² 和钾肥 150～180kg/hm² 或者生菜专用肥 180～225kg/hm²。在器官形成期（结球期）再次施用腐殖酸包膜尿素 150～180kg/hm² 和钾肥 150～180kg/hm² 或者生菜专用肥 180～225kg/hm²。

（3）根外追肥　在缓苗后 7～10d，叶面喷施 500 倍的氨基酸水溶肥或腐殖酸水溶肥 1 次，返青后喷施氨基酸水溶肥或腐殖酸水溶肥 2 次，中间相隔 15d 左右。

（二）秋季延后栽培与施肥技术

1. 栽培技术　依张福墁（1995）推荐，北京地区应该于 8 月上中旬播种，9 月上中旬定植，11 月上中旬收获。这种栽培方式在北方地区非常普遍，华北地区于 9 月定植，而东北地区大多数在 8 月定植。这段时间温度和光照都非常适合生菜的生长，因此可以先定植，再扣大棚。接春茬大棚，可以不拆卸，需要将顶部和两侧的通风口全部打开，温度掌握在白天尽量不超过 25～30℃，如果温度过高可以覆盖黑色遮阳网，否则容易发生徒长或烂心。随着气温的降低，通

27

风的时间可以缩短，通风量降低，但晚上的温度尽量不低于10℃，进入收获期后保证棚内的温度使收获物不受冻，如果温度降低，应适当加盖草帘，可以延长生菜的采收期，北方地区最晚可以到 11 月下旬。

2. 施肥技术

（1）基肥 基肥一般在定植前 3～7d 施用，撒施于地表，翻耕 20～25cm 入土，耙平后做畦。肥料施用可以选择商品有机肥 3.0～4.5t/hm² 或处理过的农家肥 30～45t/hm²，再施用生菜专用肥 45～60kg/hm²。也可以施用商品有机肥 3.0～4.5t/hm² 或处理过的农家肥 30～45t/hm²，再施用腐殖酸包膜尿素 120～150kg/hm²、腐殖酸型过磷酸钙 300～450kg/hm² 和商品钾肥 150～225kg/hm²。还可以施用商品有机肥 3.0～4.5t/hm² 或处理过的农家肥 30～45t/hm²、腐殖酸高效缓释肥（16-5-24）375～450kg/hm²。

（2）追肥 定植后追肥 3 次，分别在缓苗后、发棵期和器官形成期进行。缓苗后施用生菜有机专用肥 120～150kg/hm²，或腐殖酸高效缓释肥（16-5-24）75～105kg/hm²，或腐殖酸包膜尿素 75～105kg/hm²。到发棵期（莲座期）再施用生菜专用肥 150～180kg/hm²，或腐殖酸高效缓释肥（16-5-24）120～150kg/hm²，或施用腐殖酸包膜尿素 120～150kg/hm² 和钾肥 120～150kg/hm²。最后在器官形成期再次施用生菜专用肥 180～225kg/hm²，或腐殖酸高效缓释肥（16-5-24）150～180kg/hm²，或施用腐殖酸包膜尿素 150～180kg/hm² 和钾肥 150～180kg/hm²。

（3）根外追肥 缓苗后 7～10d，叶面喷施 500 倍的氨基酸水溶肥或腐殖酸水溶肥 1 次，发棵期（莲座期）再次喷施氨基酸水溶肥或腐殖酸水溶肥、1 000 倍的活力钾混合溶液2次，中间相隔10d左右。

（三）越冬栽培与施肥技术

1. 栽培技术 越冬栽培，从10月中旬到11月中旬都可以育苗，11月下旬到12月下旬定植，翌年2月上旬至3月中下旬收获。利用节能型日光温室，采光好，白天可充分蓄积热量，用于夜间加温。冬季晴好天气，温室内的温度完全可以满足生菜的生长。当遇到雪雨天气时需加温，当遇到雾霾天气时应进行补光。由于日光温室的环境条件较好，管理技术的灵活性更大，定植缓苗期，白天温度保持在22～25℃，夜间15～20℃；缓苗后到发棵期，白天温度保持在20～22℃，夜间12～16℃；发棵期到器官形成期，夜间温度可以再低一些，10～15℃就可以；到收获期，白天10～15℃，夜间5～10℃，这样收获期就可以相对延长，经济效益可以提高一些。

2. 施肥技术

（1）基肥　基肥在定植前7～10d施用，地表撒施后，翻耕25cm入土。基肥可以选择肥料组合，可选择施用商品有机肥3.0～4.5t/hm² 或处理过的农家肥30～45t/hm²，再施用生菜专用肥45～60kg/hm²；或施用商品有机肥3.0～4.5t/hm² 或处理过的农家肥30～45t/hm²，再施用腐殖酸包膜尿素120～150kg/hm²、腐殖酸型过磷酸钙300～450kg/hm² 和商品钾肥90～120kg/hm²；或施用商品有机肥3.0～4.5t/hm² 或处理过的农家肥30～45t/hm²、腐殖酸型高效缓释肥（16 - 5 - 24）300～450kg/hm²；或施用商品有机肥3.0～4.5t/hm² 或处理过的农家肥30～45t/hm²、腐殖酸型过磷酸钙450～600kg/hm²、腐殖酸含促生菌生物复混肥（20 - 0 - 10）450～600kg/hm²。

（2）追肥　追肥可以采用滴灌施肥，其养分施入量参考

表1-5，定植至发棵期、发棵期至器官形成期、器官形成期到收获各追肥1～2次。

表1-5　日光温室越冬栽培生菜的追肥安排
（宋志伟等，2017）

时　　　期	灌溉次数	每次灌水量（m³/hm²）	加入的养分量（kg/hm²）			施肥次数
			N	P₂O₅	K₂O	
定植至发棵期	1	120	15	7.5	12	1
发棵期至器官形成期	1～2	150	15	4.5	15	1
器官形成期到收获	2～3	120	12	18	30	2

（3）根外追肥　在冬季栽培中根外施肥可以防止生菜干烧心和腐烂，在生菜快速生长时期可以考虑施用。发棵期（莲座期）叶面喷施500倍的氨基酸水溶肥或腐殖酸水溶肥1次、1 500倍的活力钙肥混合液1次，器官形成期再次喷施氨基酸水溶肥或腐殖酸水溶肥、1 000倍的活力钾与活力钙混合溶液2次，中间相隔7～10d。

此外，在温室栽培中生菜的浇水和施肥同时进行，但要根据生菜的生长规律灵活掌握。由于温室栽培是在晚秋、早春或冬季，外界气温较低，土壤温度也较低，灌溉次数和灌水量应适当控制，不宜过多，应避免低温高湿而引起病虫害的发生。特别是冬季栽培，灌水过多降低地温，影响生菜的生长，到严寒季节更要注意浇水与施肥的把控。

三、生菜无土栽培与施肥技术

无土栽培是近年来发展非常迅速的一种应用技术，是今后农业技术革命的方向之一。无土栽培具有肥料利用率高、产品质量好、不受地力与地域的限制、病虫害和农药污染少而且便于自动化管理、优化劳动环境等优点。生菜是人们非常喜爱的一种鲜食蔬菜，具有生长期短、水分含量高、脆嫩多汁等特性，这些特点非常适合用无土栽培，特别是无土栽培生菜清洁卫生，可以直接进入市场和家庭的餐桌，经济效益很高，因此生菜无土栽培的面积在逐年升高。无土栽培的方式很多，比如管道式水培装置、各种 DIY 的水培组合等。不管选取哪种设施，水培种植必须具有光照调节设施、通风设施以及温湿度调节设施等。因此一套水培设施主要由营养液槽、育苗设备、培育池、栽培板、加液系统、排液系统、循环系统等组成，在夏季还需要防虫装置，用于防止虫害发生。生菜栽植密度以 20cm×20cm 为宜，25 株/m²。定植前还要准备好培养液，加满栽培床，并预先用泵循环，检查营养液槽、栽培床是否漏水、回液量大小等。一切准备好以后就可以定植。

　　一般生菜营养液由氮、磷、钾等 16 种元素配制而成，这是英国著名无土栽培专家亚当斯（P. Adams）教授所研制的配方（表 1 - 6），应用此营养液 pH 应控制在 6.2～6.5，电导率应该根据气温和生长季节进行适当的调节。苗期和定植初期，一般电导率在 0.8～1.0mS/cm 范围内，而到生长中后期电导率可以控制在 1.2～1.6mS/cm，到冬、春、秋季时由于气温较低，营养液电导率可以稍高一些，但是夏季气温高，电导率一定要降下来，因为生长迅速，蒸腾量大，电导率太高会引起生理干旱，造成生菜生长不良。在生菜生长盛期，可酌情添加 0.005% 的硝酸铵，以补充氮肥。水培生菜每隔 10min 供应 5min 营养液。基质培生菜每隔 2d 可以供应 1 次营养液，供应量以基质不积水为佳。在夏季气温高时，还应在 2 次供营养液之间补充供应 1 次清水，以满足生菜生长需要。同时，由北京市农林科学院蔬菜研究中心提供的生菜水培营养液配方（表 1 - 7）也是很常用的，当然根据生菜要求的营养元素的比例关系和要求营养液浓度低的特点，选用斯泰勒（Steiner）配方、道格拉斯配方、日本园试配方、日本标准园艺配方、山崎肯哉配方等进行生菜无土栽培也是可行的。

表 1-6　生菜营养液配方（亚当斯）

（张福埀，1995）

肥料名称（分子式）	浓度（g/kg）
四水硝酸钙 [Ca(NO₃)₂·4H₂O]	1 200
硝酸钾（KNO₃）	799
磷酸二氢钾（KH₂PO₄）	207
七水硫酸镁（MgSO₄·7H₂O）	366
螯合铁（Fe-EDTA）	30
四水硫酸锰（MnSO₄·4H₂O）	5.0
五水硫酸铜（CuSO₄·5H₂O）	0.9
七水硫酸锌（ZnSO₄·7H₂O）	1.1
七水钼酸铵 [(NH₄)₆Mo₇O₂₄·7H₂O]	0.9
硼酸（H₃BO₃）	4.1

注：施用时使用 12% 磷酸将 pH 调节为 6.0。

表 1-7　生菜营养液配方（北京市农林科学院蔬菜研究中心）

肥料名称（分子式）	浓度（g/kg）
四水硝酸钙 [Ca(NO₃)₂·4H₂O]	578.9
硝酸钾（KNO₃）	991.0
硝酸铵（NH₄NO₃）	54.3
磷酸（H₃PO₄）	230.0 (mg/kg)
硼酸（H₃BO₃）	3.0
七水硫酸镁（MgSO₄·7H₂O）	162.8
螯合铁（Fe-EDTA）	20.0
硫酸铵 [(NH₄)₂SO₄]	6.0
五水硫酸铜（CuSO₄·5H₂O）	0.08
七水硫酸锌（ZnSO₄·7H₂O）	0.22
七水钼酸铵 [(NH₄)₆Mo₇O₂₄·7H₂O]	0.5

四、生菜阳台栽培与施肥技术

近年来，随着生活方式的变化，环境污染加剧，人们对居家环境的要求越来越高，在阳台上种植园艺作物，特别是在北方地区不仅能增加空气湿度、提高室内空气质量、促进室内氧气与二氧化碳的交换，而且能够吃上安全、新鲜的蔬菜，因此这将是蔬菜未来发展的一个方向。

生菜的生长习性和可食性都非常适合家庭室内种植。生菜属喜光植物，因此在室内种植的最佳位置是阳台，阳台种植当以水培为宜。可以利用泡沫箱或塑料管进行自动化种植。连接管道时注意接口要牢固，防止漏水，管道内留存营养液，深度以 3～5cm 为宜，上水使用扬程大于 3m 的水泵，储存营养液的水箱应大于 50L，种植间距为 18～20cm。营养液可以购买叶菜类蔬菜专用营养液肥料，也可以用无土栽培中表 1-6、表 1-7 的营养液，也可以按照以下配方自行配制：每 1t 水中加入 236g 四水硝酸钙、404g 硝酸钾、57g 磷酸二氢铵、123g 七水硫酸镁、13.9g 七水硫酸亚铁、18.6g 乙二胺四乙酸二钠、2.86g 硼酸、2.13g 四水硫酸锰、0.22g 七水硫酸锌、0.06g 五水硫酸铜和 0.02g 钼酸铵。用 pH 广泛试纸调节 pH 为 6.0～6.5。生菜苗可以从专业育苗公司购买，也可以自行购买种子育苗。生菜品种选用耐抽薹品种为宜。采用育苗盘育苗，用蛭石作为基质。将蛭石装入育苗盘，用手轻压并摊平基质，浇透水，将蔬菜种子均匀撒播于蛭石表面，上面覆盖 0.3cm 厚的干蛭石，再覆盖一层薄膜。若播种时温度高于 30℃，生菜种子要经过冷藏催芽才能保证发芽率。生菜催芽采用冷水、热水按 3∶1 的比例混合，将种子浸泡其中 4～6h 后倒去水，放于湿纸巾上，置于冰箱冷藏室即可，一般 3～5d 种子露白时就可播种。生菜播种后 2～3d 出苗，幼苗 2 片真叶时分苗，选健壮无病植株，将根部残留基质洗净，插入定植杯，杯中需装一些脱脂棉、海绵或水海草固定植株，再放入分苗板的定植孔中。分苗板用泡沫板制成，定植孔株行距为 5cm×5cm，分苗池可用泡沫盒、水盆、方形盆等，要求分苗板覆盖整个营养液液面，避免营养液与空气大面积接触而滋生绿藻。分苗种植后首先采用标准配方营养液 1/4 剂量，杯底要浸入营养液中。幼苗 4 片真叶时定植，定植后采用标准配方营养液。生菜喜冷凉湿润环境，生长适温 15～25℃，最适温 20℃左右。生长期需要良好的光照，光照不足时茎叶生长较弱，而且容易抽薹。阳台温度不宜过高，大于 30℃ 时要开窗通风换气，降低温度。夏季高温季节，如果家里不经常开空调，阳台温度在 28℃ 以上时，在水培设施里可种植耐高温的其他蔬菜。生菜定植后 25～35d 即可采收。

在阳台上种植生菜，一般不发生病虫害，一旦有蚜虫发生可不进行防治，更换新苗即可，特别注意一定要将蚜虫活体的残株清理干净，因为蚜虫的繁殖能力很强，如果蚜虫处理不彻底，很可能使生菜整体上大面积暴发，影响生菜的产量和质量。家庭自制的天然无害的杀蚜虫液体：用干红辣椒或鲜辣椒 300g 加水 3 000mL，煮 0.5h 左右，过滤后喷洒于生菜之上即可；或用洗衣粉 3～4g，加水 100g，搅拌成溶液后，连续喷 2～3 次，也可达到防治的效果。发生小菜蛾时采用人工捕捉，一般选择在早上和傍晚捕捉较好。

第二章　生菜病害及其防治

一、生菜灰霉病

1. 为害与症状　生菜灰霉病（lettuce grey mold）是一种严重为害生菜的常见病害，造成生菜叶片枯死、茎部腐烂，严重时整株死亡，严重影响产量。近年来在设施栽培环境中该病害发病有加重趋势。

苗期到成株期均可发病，主要为害茎和叶片。在叶尖或叶缘上产生褐色不规则形状病斑，或沿叶柄扩展，形成深褐色病斑。茎上病斑初呈淡褐色水渍状，后扩大形成褐腐状，最后整株死亡。天气干燥时，病株干枯死亡；潮湿时，病部产生灰色霉层（彩图 2 - 1）。

2. 病原　病原为真菌，半知菌类（无性态真菌）丝孢纲丝孢目丝孢科葡萄孢属灰葡萄孢（*Botrytis cinerea* Pers.）。

分生孢子梗单生或丛生，浅褐色，有隔膜，顶端分枝 1~2 次，分枝顶端产生小梗，小梗顶端细胞膨大呈球形，其上着生大量的分生孢子。分生孢子椭圆形至圆形，单胞，无色，簇生，在小梗上聚集成葡萄穗状（图 2 - 1）。

寄主广泛，除为害生菜外，还可为害番茄、茄子、辣椒、黄瓜、西瓜等多种蔬菜及其他农作物。

3. 病害循环　病菌主要以菌核或菌丝体及分生孢子随

35

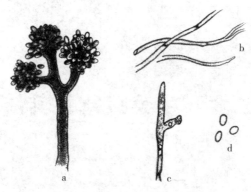

图 2-1 灰葡萄孢
a. 分生孢子梗和分生孢子 b. 菌丝 c. 分生孢子梗 d. 分生孢子

病残体在土壤中越冬，菌核与分生孢子的抗逆性强。翌年菌核萌发，产生菌丝体和分生孢子，遇适温及叶面有水滴的条件下，分生孢子萌发产生芽管，从衰弱的组织及伤口等处侵入，获取营养后向健康组织扩展。病菌可以借气流、灌溉水及农事操作等传播。

4. 发病条件

（1）气象因素　病菌喜低温、高湿环境，发病最适宜温度为 20~23℃，相对湿度 90％以上。19~23℃ 时，叶面有水滴的条件下病害发展速度较快。

（2）寄主因素　寄主生长衰弱或受低温侵袭、相对湿度高于 94％ 及适温条件易发病。苗期易感病。

（3）栽培管理　栽培过密，棚内温度过低、湿度过高、光照差、通风不良的田块发病重。年度间冬春低温、阴雨天气多的年份发病严重。

5. 防治方法

（1）农业防治　①棚室采用降低白天温度、提高夜间温度、增加通风等措施来降低棚内湿度。②在发病初期拔除田间中心病株，及时摘除病叶，带到田外集中烧毁或深埋。收获后及时深翻。③应注意雨后及时排水，合理控制浇水量，控制湿度。④科学施肥，追施磷钾复合肥，提高植株抗病能力。

（2）药剂防治　在发病初期，发现零星病叶后应立即进行药剂防治。可以选用的药剂有50％多菌灵可湿性粉剂800倍液、65％甲霉灵可湿性粉剂600倍液或45％特克多悬乳剂800倍液，每7d用1次，连续2～3次。

二、生菜霜霉病

1. 为害与症状　生菜霜霉病（lettuce downy mildew）在全国所有种植区几乎都有发生。严重时叶片大量枯黄坏死，削弱植株长势，引起减产。

在生菜苗期和成株期均可发生，成株期受害重。主要为害叶片，由植株下部叶片向上部叶片蔓延。病斑初呈黄绿色，无明显边缘，扩展后受叶脉限制呈多角形。潮湿时，叶片背面产生白色霉状物（游动孢子囊及孢囊梗），后期叶片枯萎（彩图2-2）。

2. 病原　病原为卵菌，藻物界卵菌门卵菌纲霜霉目霜霉科盘梗霉属莴苣盘梗霉（*Bremia lactucae* Regel）。

孢囊梗从寄主气孔伸出，主轴粗壮，顶部有多次二叉状分枝，左右对称，主干和分枝呈锐角。孢囊梗顶端分枝扩展成碟状，边缘长出3～5条短梗，顶端尖锐，每个短梗上着生1个孢子囊。孢子囊单胞，无色，卵形或椭圆形（图2-2）。孢子囊萌发可以产生游动孢子或直接产生芽管。

该菌可寄生在莴苣、毛连菜、蒲公英、苦荬菜、苦苣菜、山莴苣等菊科植物上。

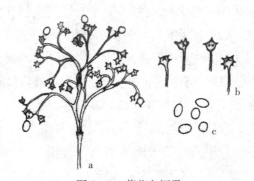

图2-2　莴苣盘梗霉

a. 孢囊梗和孢子囊　b. 盘状孢囊梗末端　c. 孢子囊

3. 病害循环　病菌以菌丝体在种子上或以卵孢子随病残体在土壤中越冬。在棚室内栽培可以持续侵染，无明显越冬现象。种子可传病，但带菌率低。也可以在一些多年生菊科杂草种子上越冬。越冬后翌年当环境条件适宜时产生孢子囊，通过风、雨水和昆虫传播，从寄主叶片表皮直接侵入，引起初侵染，在植株受害部位产生孢子囊，借气流传播进行多次再侵染，加重为害。

4. 发病条件　低温高湿有利于病害的发生发展，在阴雨连绵的春末或秋末冬初发病重。定植后浇水过早过多，土壤潮湿或排水不良，大水漫灌、雨后易积水的地块，发病较重。管理粗放、栽植过密、缺肥缺水或氮肥施用过多、通风透光不良的地块，病害发生重。

5. 防治方法

（1）选用抗病品种　叶色紫红或呈深绿色的品种，一般具有较强的抗病性。

（2）农业防治

①清洁田园：收获后彻底清除病残体，集中深埋或

烧毁。

②加强田间管理：合理施肥，增施磷钾肥，实施配方肥。棚室栽培注意排水降湿，晴天中午通风。

（3）化学防治　选用69%安克·锰锌800倍液，或50%烯酰吗啉可湿性粉剂1 500倍液，或64%烯酰吗啉·锰锌可湿性粉剂1 000倍液，每隔7～10d喷1次，连续2～3次。施药时注意要喷到基部叶背面。保护地选用5%百菌清粉剂喷粉，或45%百菌清烟剂熏烟防治。

三、生菜炭疽病

1. 为害与症状　生菜炭疽病（lettuce anthracnose disease）又称生菜环斑病、生菜穿孔病。严重时全部叶片染病，整株干枯死亡。

主要为害老叶片，先在外层叶片基部产生褐色密集小点，多达百余个，扩展形成圆形或不规则形状病斑，大小4～5mm，有的融合成大斑，病斑中央浅灰褐色，四周深褐色，稍凸起，叶背病斑边缘较宽，后期叶斑常环裂或脱落穿孔。有的为害叶脉和叶柄，病斑褐色梭形，略凹陷，后期病斑纵裂。潮湿时病斑边缘可以产生粉红色子实体。

2. 病原　病原为真菌，半知菌类（无性态真菌）腔孢纲黑盘孢目盘二孢属莴苣盘二孢〔*Marssonina panattoniana* (Berl.) Magn.〕。

分生孢子盘埋生于寄主表皮下，呈点状突起，暗褐色至黑色，四周与菌丝连接。分生孢子梗无色分枝，圆柱形或倒钻形，单生，呈栅状排列。分生孢子双胞，无色，长卵形或近梭形，向一方稍弯曲，两端较尖，基细胞短小（图2-3）。

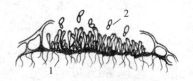

图2-3 莴苣盘二孢

1. 分生孢子盘　2. 分生孢子

3. 病害循环　病菌主要以菌丝体或分生孢子盘在病叶或随病残体在土壤中越冬，翌年产生新的分生孢子，借风雨及水滴飞溅传播，侵入新的叶片进行初侵染和再侵染。

4. 发病条件　夏季高温多雨易发病，早春受冻以及阴雨多、连作地、气温低、病残体未清除、防治不及时的年份发病重。

5. 防治方法

（1）农业防治　清除田间病残体，集中深埋处理；与非菊科蔬菜轮作倒茬，实行3年以上轮作。

（2）化学防治　发病初期喷洒50%福美双悬浮剂500倍液，或30%绿得保悬浮剂400倍液，或50%苯菌灵可湿性粉剂1 500倍液，或70%甲基硫菌灵可湿性粉剂500倍液，或50%扑海因可湿性粉剂1 500倍液，隔7～10d用1次，连续2～3次。

四、生菜菌核病

1. 为害与症状　生菜菌核病（lettuce sclerotinia disease）在生菜整个生育期均可以发病。条件适宜时，生菜植株成片坏死倒伏。除为害茎用、叶用生菜外，还可以侵染十字花科、葫芦科、豆科、茄科、伞形科等多种植物，引起湿腐，甚至全株死亡。

主要为害植株的茎基部。苗期发病，病情发展迅速，短期造成腐烂、倒伏。发病盛期，植株近地面茎基部衰老，叶片边缘、叶柄先受害，病斑初为褐色水渍状，后呈软腐状，并产生白色棉絮状菌丝体，最后形成黑色鼠粪状菌核（彩图2-3）。

2. 病原　病原为真菌，子囊菌门盘菌纲柔膜菌目核盘菌属核盘菌［*Sclerotinia sclerotiorum*（Lib.）De Bary］。

菌核球形或鼠粪状，直径1～10mm，由拟薄壁组织及疏丝组织组成，内部白色，表面黑色。菌核无休眠期，抗逆性强，可萌发产生子囊盘。子囊盘形成初期为浅棕色杯形，展开后呈黄褐色盘形，子囊盘表面由子囊和侧丝构成子实层。子囊圆筒形或棍棒状，内含8个子囊孢子。子囊孢子椭圆形，单胞，无色（图2-4）。

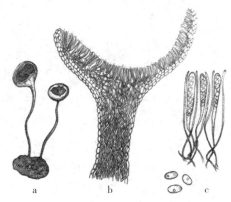

图2-4　核盘菌

a. 菌核萌发形成子囊盘　b. 子囊盘　c. 子囊孢子、子囊和侧丝

3. 病害循环　病菌以菌核随病残体在土壤中越冬。菌核在潮湿的土壤中可以存活1～2年，在干燥的土壤中能存活3年以上，在5～20℃及较高的土壤湿度下即可萌发。菌

核萌发时产生子囊盘，进而形成子囊及子囊孢子，通过气流、雨水或农具传播，侵害植株根茎部或基部叶片。病叶上的白色絮状菌丝与邻近健株接触即可传病，发病中期病部菌丝形成新的菌核，也可以萌发产生菌丝进行再侵染。

4. 发病条件　早春多雨或雨量多的年份发病重，秋季多雨、多雾的年份发病重。气温达 20℃ 及以上，相对湿度高于 85％ 发病重，相对湿度低于 70％ 时发病轻。

地势低洼、排水不良、连作地块易发病，前茬作物菌核病严重的地块发病较重，栽培过密、通风透光差、氮肥施用过多的地块发病重。

5. 防治方法

（1）选用抗病品种　叶色紫红的品种抗病性较强。

（2）农业防治

①实行与百合科蔬菜轮作，避免与白菜类及番茄等蔬菜连作，重病田轮作 2 年以上。

②选用无病种子，进行种子处理，在播种前 50℃ 温汤浸种 10min。培育无病壮苗，采用客土育苗，并进行带土移植。

③采用深沟高畦的栽培措施，合理密植。合理排灌，避免大水漫灌或串灌，及时排除积水，发病初期适当控制浇水。施足腐熟有机肥，合理施用氮肥，注意增施磷钾肥。

④清洁田园，及时除去下部老叶，中耕除草，拔除病株或病叶，收获后清理病残体及杂草，带出田外销毁或深埋。翻耕土地，把菌核埋入土中 15cm 深，使其不能萌发。

（3）化学防治　定植后采用 3.5％ 噻菌特烟剂傍晚熏烟 3～4 次，每 7d 用 1 次。发病初期及时用药，选用 40％ 菌核净可湿性粉剂，或70%甲基硫菌灵可湿性粉剂，或25%多菌灵可湿性粉剂，或50%异菌脲悬乳剂，或50%腐霉利可湿性粉剂喷雾，每隔7～10d喷1次，连续2～3次。注意混合用药或轮换用药，喷药时喷到茎基部及土壤表面。

五、生菜褐斑病

1. 为害与症状 生菜褐斑病（lettuce cercospora leaf spot）又称为生菜尾孢叶斑病。发生普遍，分布广泛，露地和保护地都有发生。发病率一般为10%左右，严重时发病率达50%以上，严重影响产量和品质。

主要为害叶片，叶片感病后，初呈水渍状或红褐色小点，逐渐扩大为圆形至不规则形状病斑，边缘不规则，具同心轮纹，褐色，中央灰白色，后期病斑破裂穿孔。潮湿时，病斑上产生暗褐色霉状物，严重时多个病斑连接成片，叶片变褐干枯。

2. 病原 病原为真菌，半知菌类（无性态真菌）丝孢纲丝孢目尾孢属莴苣尾孢菌（*Cercospora longissima* Sacc.）。

分生孢子梗单生或簇生，淡褐色，顶端色浅，直立或弯曲，具隔膜0～5个，孢痕明显加厚。分生孢子无色，针形至倒棍棒状，隔膜多，直或略弯，基部平切，顶端尖细（图2-5）。

3. 病害循环 病菌以菌丝体和分生孢子在病残体上越冬，

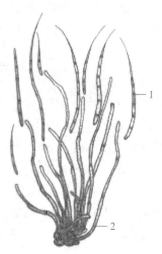

图2-5 莴苣尾孢菌

1. 分生孢子 2. 分生孢子梗

43

以分生孢子进行初侵染和再侵染。病部产生分生孢子借气流和雨水溅射传播。

4. 发病条件　植株生长衰弱、缺肥或氮肥过多、生长过旺，植株抗性弱，易发病。秋季多雨、浓雾、露水重和温暖潮湿有利于发病。

5. 防治方法

（1）农业防治

①清洁田园，结合采摘老叶，清除病残体并烧毁或深埋。

②避免偏施氮肥，适时喷施叶面肥，使植株健壮生长，增强抵抗力。

（2）化学防治　发病初期喷洒 75% 百菌清可湿性粉剂 1 000 倍液，或 70% 甲基硫菌灵可湿性粉剂 600 倍液，或 40% 多硫悬浮剂 500 倍液，或 80% 代森锰锌可湿性粉剂 600 倍液。保护地栽培，用 5% 加瑞农粉剂，或 6.5% 甲霉灵粉剂，或 5% 百菌清烟剂喷粉或熏烟防治。

六、生菜白粉病

1. 为害与症状　生菜白粉病（lettuce powdery mildew）主要为害叶片，产生白色粉状物，后期长出小黑点，发生严重时，引起叶片黄化和枯萎。

该病多从植株下部叶片开始逐渐向上蔓延。发病初期，在叶两面生白色粉状霉斑，扩展后在叶面上形成浅灰白色粉状霉层，条件适宜时，白色粉状霉层连成片，整个叶面布满白色粉状物。整个叶片呈现白粉后，常导致叶片黄化或枯萎。后期发病部位长出小黑点，即病原菌的有性世代闭囊壳。

2. 病原 病原为真菌，子囊菌门核菌纲白粉菌目白粉菌属二孢白粉菌（*Erysiphe cichoracearum* DC.）。

闭囊壳卵形或椭圆形，常常产生于大的叶脉附近。闭囊壳上附属丝菌丝状，不分枝，附属丝尖端色浅。闭囊壳内含多个子囊，子囊内含2～8个子囊孢子，子囊孢子卵形或椭圆形（图2-6）。分生孢子梗多，分生孢子无色透明，椭圆形，串生（图2-7）。

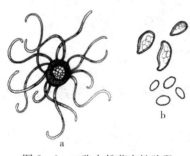

图2-6 二孢白粉菌有性阶段
a. 闭囊壳 b. 子囊和子囊孢子

图2-7 二孢白粉菌无性阶段
a. 分生孢子梗 b. 分生孢子

病菌可以寄生于瓜类植物、豆类、向日葵、马铃薯以及野菊花、车前草上。

3. 病害循环 在保护地栽培，病菌以分生孢子借助气流传播侵染，完成病害周年循环，无明显越冬期。在寒冷地区，病菌以闭囊壳越冬或以菌丝在棚室内活体莴苣属寄主上越冬，翌年5～6月，闭囊壳释放出子囊及子囊孢子侵染致病，病部产生的分生孢子多次重复侵染，落到叶面上的分生孢子遇有适宜条件，孢子发芽产生侵染丝从表皮侵入，在表皮内长出吸胞吸取营养。叶面上匍匐的菌丝体在寄主外表皮上不断扩展，产生大量分生孢子进行重复侵染。在植株生长后期或生长季节结束后，产生闭囊壳越冬。

4. 发病条件

（1）气象因素　分生孢子在 10～30℃ 均可萌发，萌发适温为 20～25℃。温凉多湿的天气易发病。分生孢子萌发对湿度适应幅度较广，相对湿度 25%～100% 均能萌发，相对湿度大时白粉病发生严重。当叶面有水滴存在时，因分生孢子吸水膨压过大引起孢子破裂，对萌发不利。

（2）栽培管理　栽植过密、管理粗放、灌水过多、排水不良以及偏施氮肥等易使植株徒长，利于病害发生。棚室内通风不良、叶片茂密，引起相对湿度大，发病重。

5. 防治方法

（1）农业防治

①从无病田留种，保证种子无病，种子播前温汤浸种消毒，注意苗床消毒。

②培育壮苗，适期育苗、分苗，定植时淘汰病弱苗，合理密植。防止大水漫灌，田间积水时要开沟排水，干旱时适当浇水，避免土壤过湿或过干，避免偏施氮肥。

③清洁田园，清除田间杂草，发病初期摘除病叶并烧毁或深埋，收获后及时清理病残体。

（2）化学防治　发病初期喷洒 15% 粉锈宁可湿性粉剂 800～1 000 倍液，或 50% 苯菌灵可湿性粉剂 1 000 倍液，或 60% 防霉宝超微可湿性粉剂或水溶性粉剂 600 倍液，或 47% 加瑞农可湿性粉剂 800 倍液，或 30% 绿得保悬浮剂 400 倍液，或 40% 福星乳油 9 000 倍液，防治 1～2 次。采收前 7d 停止用药。

七、生菜锈病

1. 为害与症状　生菜锈病（lettuce rust）主要为害叶

片，在叶片上产生淡黄色至橘红色的小斑点，叶背产生隆起的小疤斑，后期表皮破裂后散出黑色粉末，为害严重时叶片枯死。

2. 病原　病原为真菌，担子菌门冬孢菌纲锈菌目柄锈菌属米努辛柄锈菌（*Puccinia minussensis* Thümen）。

冬孢子双胞，有柄，深褐色；夏孢子黄褐色，单胞，近球形，壁上有小刺，单生，有柄（图 2-8）。

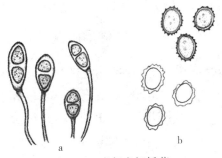

图 2-8　米努辛柄锈菌

a. 冬孢子　b. 夏孢子

3. 病害循环　病菌在北方主要以冬孢子随病残体在土壤中越冬，在南方温暖地区主要以夏孢子越冬，翌年夏孢子随气流传播进行初侵染和再侵染，夏孢子萌发后从表皮或气孔侵入。

4. 发病条件　气温 16～26℃，多雨高湿易发病。气温低、肥料不足、栽培地块地势低洼易积水、栽培密度大、管理粗放、植株长势差发病重。

5. 防治方法

（1）农业防治

①与非菊科蔬菜实行 2～3 年轮作。

②施足有机肥，增施磷钾肥，提高寄主抗病力。

③加强田间管理，栽植密度适当，雨后及时排水，降低湿度。

（2）化学防治　发病初期开始喷洒药剂，主要有20％唑菌胺酯水分散粒剂1 000～2 000倍液，或65％代森锌可湿性粉剂600倍液，或5％亚胺唑可湿性粉剂1 000～1 500倍液，或70％代森锰锌可湿性粉剂1 000倍液，或15％三唑酮可湿性粉剂2 000倍液，每隔10d左右喷1次，连续2～3次。

八、生菜褐腐病

1. 为害与症状　生菜褐腐病（lettuce brown rot）又名生菜茎腐病，是生菜的一种重要病害，发生普遍。该病害主要在生菜生长的中后期开始发病。主要从植株近茎基部叶柄处开始发病，病部初为褐色不定形坏死斑，以后扩展到整个叶柄，渗出深褐色汁液。病害从下部叶片向上发展，使外叶变褐腐烂。天气干燥时病株为褐色枯死萎缩，潮湿条件下表现为软腐，感病茎叶上常产生灰色菌丝或褐色菌核，严重时整株枯死（彩图2-4）。

2. 病原　病原为真菌，病菌无性态为半知菌类丝孢纲无孢目丝核菌属立枯丝核菌（*Rhizoctonia solani* Kühn），为土壤习居菌。以菌丝体繁殖和传播，不产生孢子。菌丝发达，初生菌丝无色，后为黄褐色，有隔，锐角分枝，分枝基部缢缩。可以产生菌核，球形或不定形，无色或褐色。病菌于13～42℃温度范围内均可生长发育，24℃最适宜生长。光暗交替有利于菌丝生长，黑暗条件下有利于菌核形成（图2-9）。

病菌有性态为担子菌门层菌纲胶膜菌目亡革菌属瓜亡革

菌［*Thanatephorus cucumeris*（Frank）Donk］。担子圆筒形，顶生4个担子梗，其上着生椭圆形担孢子，壁薄，顶端具平切状突起（图2-10）。

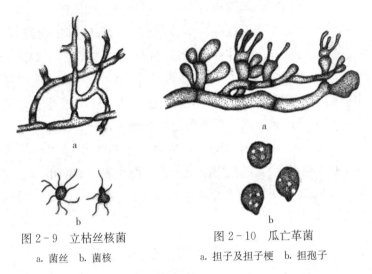

图2-9　立枯丝核菌

a. 菌丝　b. 菌核

图2-10　瓜亡革菌

a. 担子及担子梗　b. 担孢子

3. 病害循环　病菌以菌丝体或菌核在土中及病残体上越冬，菌核可在土中腐生2～3年。条件适宜时，菌核萌发产生菌丝，菌丝可以从寄主伤口侵入，也可以直接侵入寄主。通过灌溉水、施肥或土壤耕作传播，带菌土壤和病残体为病菌再侵染源。

4. 发病条件　温暖潮湿环境利于发病，造成植株腐烂。病菌可在土壤中腐生，连作地发病重。田间月均温20℃以上，地势低洼、土壤湿度大、田间积水，栽培密度大、田间植株透光性差、通风透光不良，氮肥施用过多，发病重。

5. 防治方法

（1）农业防治

①种植前彻底清园，翻晒土壤。选择高燥地块种植，提

49

高畦面，避免栽植过密。

②加强肥水管理，增施磷钾肥。避免大水漫灌，雨后及时排水。

③保持田间通风透光，保护地栽培及时放风排湿。

④发现病株立即拔除，周围植株用药剂喷雾或者浇灌。收获后及时清除病残体并集中带出田外销毁，深翻土壤。

（2）化学防治　结合整地进行土壤消毒，播种前浇透水，用50%多菌灵可湿性粉剂与适量细土拌匀成药土，撒部分药土于畦面，播种后再覆盖其余药土进行育苗。

发病初期喷洒药剂防治，可以选用20%甲基立枯磷乳油1 000倍液，或70%甲基硫菌灵可湿性粉剂600倍液，或5%井冈霉素水剂1 500倍液，或70%代森锰锌可湿性粉剂600倍液，每隔7～10d喷1次，连续2～3次。

九、生菜枯萎病

1. 为害与症状　生菜枯萎病（lettuce fusarium wilt）为害植株，植株受害后生长不良，与健株相比，植株瘦小，产量降低，严重地块绝收。病株根系发育不良，主根维管束黑褐色，茎基部易折断。该病发病越早，为害越重（彩图2-5）。

2. 病原　病原为真菌，半知菌类（无性态真菌）丝孢纲瘤座菌目镰孢属尖孢镰孢（*Fusarium oxysporum* Schlechtend）。

分生孢子梗无色，可以产生两种类型的分生孢子：大型分生孢子镰刀形，多细胞，无色，基部常有显著突起（足胞）；小型分生孢子单细胞，少数双细胞，无色，卵圆形或椭圆形，单生或串生。两种分生孢子常聚集成黏孢子团（图 2-11）。

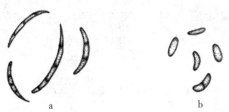

图 2-11　尖孢镰孢
a. 大型分生孢子　b. 小型分生孢子

3. 病害循环　病菌主要以厚垣孢子和菌丝体在病残体上越冬，可以在土壤中生存 1 年以上。苗床上也会出现少量病株，分生孢子可以借雨水、灌溉水传播。

4. 发病条件　连作使土壤中病菌积累，引起发病。施用未充分腐熟的有机肥料、地下害虫为害等情况易发病。水分管理不当或连阴雨、雨后排水不良的地块发病重。

5. 防治方法

（1）农业防治　避免连作，选择地势平坦、不易积水的田块栽培。施用充分腐熟的有机肥，合理施用氮、磷、钾肥。发现病株及时拔出，并用石灰对定植穴消毒，收获后及时清除病残体并集中销毁。及时防治地下害虫。

（2）化学防治　定植后、发病前期及时施药，可选用50％多菌灵可湿性粉剂 500 倍液，或 20％甲基立枯磷乳油800 倍液，或 70％甲基硫菌灵可湿性粉剂 600 倍液，或 50％福美双可湿性粉剂 500 倍液，或 20％萎锈灵乳油 2 500 倍液，或 70％土菌消可湿性粉剂 1 500 倍液淋浇灌根防治，或将上述杀菌剂配成药土撒在茎基部。

十、生菜黑斑病

1. 为害与症状　生菜黑斑病（lettuce black leaf spot）

又名生菜轮纹病、生菜叶枯病，分布较广，生菜种植地区都可发生，通常病情很轻，严重时发病率可达 60% 以上。

生菜黑斑病主要为害叶片，在叶片上形成近圆形褐色病斑，不同条件下病斑大小差异大，具有同心轮纹。空气潮湿时病斑易穿孔，通常在病斑表面不产生霉状物，后期病斑布满全叶（彩图 2-6）。

2. 病原 病原为真菌，属于半知菌类（无性态真菌）丝孢纲丝孢目链格孢属。主要病原菌有互隔链格孢［*Alternaria alternate*（Fr.）Keissler］、细交链格孢（*A. tenuis* Nees）、瓜链格孢［*A. cucumerina*（Ell. et Ev.）Elliott］和芸薹链格孢［*A. brassicae*（Berk.）Sacc.］。

分生孢子梗色深，顶端产生椭圆形、近圆形的分生孢子。分生孢子单生或串生，褐色，具有横纵隔膜，顶端有喙或无喙（图 2-12）。

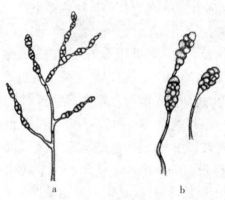

图 2-12 互隔链格孢

a. 分生孢子梗 b. 分生孢子

3. 病害循环 病菌主要以菌丝体或分生孢子在病残体或种子上越冬，温湿度适宜时产生分生孢子进行初侵染，病斑上形成分生孢子后通过风雨传播，不断进行再侵染。

4. 发病条件　高湿、多雨和温度偏低是发病的关键因素，降雨早而多的年份，发病早而重。低洼积水、通风不良、光照不足、肥水不当等有利于发病。偏施氮肥使植株生长过旺或徒长，或土壤肥力不足使植株生长衰弱等情况，发病重。

5. 防治方法

（1）农业防治　重病地与其他蔬菜进行 2 年以上轮作，不能与菊科蔬菜连作。加强田间管理，及时去除病叶，将病残体集中烧毁或深埋。施足充分腐熟的有机肥，注意氮、磷、钾肥的配合施用，适时适量浇水施肥，增强植株抗病能力。

（2）化学防治　发病初期喷洒 75％百菌清可湿性粉剂 600 倍液，或 30％嘧菌酯悬浮剂 3 000 倍液，或 50％扑海因可湿性粉剂 1 500 倍液，或 40％克菌丹可湿性粉剂 400 倍液，或 50％腐霉利可湿性粉剂 1 000 倍液，或 50％甲基硫菌灵可湿性粉剂 500 倍液，每隔 10d 左右喷 1 次，连续 2～3 次。

十一、生菜匍柄霉叶斑病

1. 为害与症状　生菜匍柄霉叶斑病（lettuce stemphylium leaf spot）主要为害叶片，在叶片上产生小的近圆形褐色斑，扩展后融合在一起形成直径 3～15mm 的褐色至灰褐色病斑，具明显轮纹，边缘灰褐色，病斑中央常略凹陷，后期较大病斑常脱落成穿孔状。在田间，植株成熟的外部叶片易受侵染。贮运过程中，病斑可扩大至整个叶面。

2. 病原　病原为真菌，半知菌类（无性态真菌）丝孢纲丝孢目匍柄霉属微疣匍柄霉［*Stemphylium chisha*(Nish.）Yamamoto］。

分生孢子梗单生或簇生，褐色，1～6个横隔膜，基部细胞稍大，顶端膨大呈截形，色浅。分生孢子椭圆形，单生，褐色，具横纵隔膜，隔膜处缢缩，表面具微疣和小刺（图2-13）。

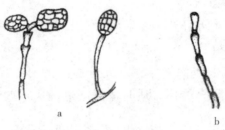

图2-13　微疣匍柄霉

a. 分生孢子梗及分生孢子　b. 分生孢子梗

3. 病害循环　病菌可以随病残体在土壤中越冬，产生分生孢子进行侵染，分生孢子借风雨传播蔓延，进行再侵染。该菌为弱寄生菌，可以在病残体上腐生。

4. 发病条件　高湿是病害流行的重要因素，温暖潮湿、阴雨天气及结露季节病害容易流行。土壤肥力不足、种植密度过大、植株生长衰弱时，发病重。

5. 防治方法

（1）农业防治　种植前彻底清园，翻晒土壤。轮作，不与菊科蔬菜连作。提高畦面，适度密植，增施有机肥及磷钾肥。及时去除老叶、病叶，田间发现病株立即拔除，病残体集中处理，烧毁或深埋。

（2）化学防治　发病初期喷洒药剂防治，喷洒75％百菌清可湿性粉剂600倍液，或30％嘧菌酯悬浮剂3 000倍液，或 50％扑海因可湿性粉剂 1 500 倍液，或 40％克菌丹可湿性粉剂 400 倍液，或 50％腐霉利可湿性粉剂 1 000 倍液，或 50％甲基硫菌灵可湿性粉剂 500 倍液，每隔 10d 左右喷 1 次，连续 2～3 次。

十二、生菜软腐病

1. 为害与症状 生菜软腐病（lettuce soft rot）又称水烂病，是生菜的重要病害之一，各地都有发生。一般在生菜生长的中后期发病，造成腐烂。病菌多从植株基部叶柄或茎基部伤口处侵入，病部初呈半透明状，后扩大成不规则形水渍状，由基部向上和由外部叶片向叶球内层蔓延，逐渐软化腐败，严重时全株腐烂，有恶臭气味（彩图 2-7）。

2. 病原 病原为细菌，欧文氏菌属胡萝卜欧文氏菌（*Erwinia carotovora*）。

菌体短杆状，周生 3～6 根鞭毛，革兰氏染色阴性，兼性厌气性。在肉汁胨琼脂平面上菌落圆形凸起，表面光滑，边缘整齐，灰白色有光泽，不透明。病菌生长温度范围 4～39℃，适温 25～30℃，致死温度 48～51℃。

3. 病害循环 病菌主要随病残体在土壤中越冬或随寄主种株在窖内越冬，条件适宜时通过雨水、灌溉水、肥料、土壤、昆虫等传播，从伤口侵入。

4. 发病条件 持续高温多雨时病害严重。连作、地势低洼、土质黏重、施用未充分腐熟土杂肥的田块易发病。田间管理粗放、通风透光不良、植株长势差、害虫多或植株伤口较多时发病重。排水不良、漫灌或串灌加速病害扩大蔓延。

5. 防治方法

（1）选用抗病品种 直立型的品种植株茎基部水分易蒸

发，伤口易愈合，可减轻发病。

（2）农业防治

①重病田实行水旱轮作或与葱蒜类、根菜类蔬菜轮作3年以上。

②选择无病田、地势平坦、透气性好的地块。低洼田采用高畦栽培，降低空气湿度。

③加强肥水管理，施用腐熟的有机肥，及时排出积水。严禁漫灌，病害流行期控制灌水。

④田间农事活动尽量避免造成伤口，发现病株集中深埋或烧毁，病穴用石灰消毒。收获后彻底清除病残体。

（3）物理防治　高温季节用遮阳网或无纺布遮阴，防雨、降温。贮运过程中注意通风，降低湿度。

（4）化学防治　及时防治害虫，田间发病后及时施药防治。发病前至发病初期，可施用新植霉素、农用链霉素、叶枯唑等药剂，每隔7～10d喷药1次，防治2～3次。

十三、生菜细菌性叶斑病

1. 为害与症状　生菜细菌性叶斑病（lettuce bacterial leaf spot）又称黑腐病、腐败病。主要为害肉质茎和叶片。肉质茎染病后，受害部腐烂，从近地面处脱落，全株矮化或茎部中空；叶片染病后，产生不规则形水渍状褐色斑，后干枯呈薄纸状，周围组织变褐枯死，但不软腐。

2. 病原　病原为细菌，黄单胞菌属油菜黄单胞菌（*Xanthomonas campestris*）。

菌体杆状，短链生，有荚膜，无芽孢，极生单鞭毛，革兰氏染色阴性，好气性。肉汁陈琼脂平面上菌落乳黄色，圆形，平滑且薄，边缘整齐。最适生长温度26～28℃，最高温度 35℃，最低温度 0℃，致死温度 51～52℃。

3. 病害循环 病菌在病残体上或种子内越冬，翌年从幼苗叶片的气孔或叶缘水孔、伤口处侵入，侵入后系统侵染。在田间借雨水、昆虫、肥料传播，远距离传播主要靠种子。

4. 发病条件 高温高湿环境易发病，地势低洼、重茬及害虫为害的田块发病重。

5. 防治方法

（1）农业防治 选用无病种子，或与葱蒜类、禾本科作物轮作 2 年以上。高畦栽培，合理密植。严禁大水漫灌，及时排水。加强田间管理，增施磷钾肥，中后期避免偏施氮肥，注意防治地下害虫。

（2）物理防治 进行种子处理，50℃温水浸种 15min。

（3）化学防治 播前用种子质量 0.3％的 47％加瑞农可湿性粉剂拌种。发病初期喷洒药剂，参考生菜软腐病的化学防治。

十四、生菜叶缘坏死病

1. 为害与症状 生菜叶缘坏死病（lettuce marginal leaf blight）又称细菌性斑点病、根腐病。主要为害叶片。叶缘开始发病，产生褐色不规则形油渍状病斑，后变干呈薄纸状。叶片其他部分出现红褐色斑点，病斑易连片，全株迅速干枯或落叶。有时会沿底部叶片的叶脉扩展到根部，引起根腐。低湿高温时，叶片边缘细胞死亡，会产生类似的症状。还有植株根系吸收水分受阻，叶片又多而大时，易出现上述症状，应注意区别（彩图 2-8）。

2. 病原 病原为细菌，假单胞菌属边缘假单胞菌

（*Pseudomonas marginalis*）。

革兰氏染色阴性，菌体杆状，极生 1～3 根鞭毛，短链生，具荚膜，无芽孢，好气性。在肉汁陈琼脂培养基上菌落圆形，白色，边缘整齐。生长温度范围是 0～38℃，生长适温为 25～26℃，致死温度为 52～53℃。

3. 病害循环　病菌主要随病残体在土壤中越冬，在棚室栽培时，病菌可在莴苣类蔬菜上辗转为害。靠土壤或空气进行传播，一般早春和晚秋发病重，夏季高温时发病少且缓慢。

4. 发病条件　早春和晚秋发病重，夏季高温时发病缓慢。地势低、土质黏重、田间积水、连续阴雨天、空气湿度大等条件下发病较重。栽培密度大、管理粗放、保护地通风不良、植株长势差，易发病。

5. 防治方法

（1）农业防治

①与其他非菊科蔬菜轮作 3 年以上。

②选择地势平坦，疏松、透气性好的田块，实行畦作或高垄栽培。

③加强肥水管理，采用配方施肥技术，及时排除积水，棚室及时通风。

④收获后清除病残体，集中带出田外销毁。

（2）化学防治　发病初期喷洒药剂，参考生菜软腐病的化学防治。

十五、生菜叶焦病

1. 为害与症状　生菜叶焦病（lettuce bacterial leaf rot）主要为害叶片。发病初期嫩叶尖端卷曲，叶脉坏死，后期外侧叶片或新叶边缘变褐色坏死。组织坏死后，易被腐生菌寄生（彩图 2-9）。

2. 病原　病原为细菌，假单胞菌属荧光假单胞菌（*Pseudomonas cichorii*）。菌体杆状，1～4 根极生鞭毛，革兰氏染色阴性。在肉汁胨琼脂培养基上菌落白色，近圆形或不规则形，中央凸起，边缘锯齿状，有黄绿色荧光。生长温度范围 4～41℃，生长适温为 28～30℃。

3. 病害循环　病菌可随种子或病残体越冬，多从叶缘侵入。

4. 发病条件　田间湿度低、土壤干燥、地温低、根系生长弱、叶片严重失水的情况下，发病较重。

5. 防治方法

（1）农业防治　保持土壤湿润和含水量适宜，保护根系功能正常，避免温度过高、过低，通风适当，保持田间适宜温湿度，降低植株间相对湿度。

（2）化学防治　发病初期喷洒药剂，参考生菜软腐病的化学防治。

十六、生菜病毒病

1. 为害与症状　生菜病毒病（lettuce virus disease）分布广泛，全国各地均有发生，严重影响产量。

从苗期至成株期均能发病，引起花叶、叶片皱缩、植株矮化等症状。叶片上产生黄绿相间的花叶或斑驳症状，有明脉现象，或是叶组织凹凸不平，叶片下卷呈筒状，植株矮小。重病株会出现心叶扭曲、皱缩畸形等症状。采种株染病后生长衰弱，花序减少，结实率下降（彩图 2-10）。

2. 病原　生菜病毒病可以由莴苣花叶病毒（*Lettuce*

mosaic virus，LMV）、蒲公英黄花叶病毒（*Dandelion yellow mosaic virus*，DYMV）、黄瓜花叶病毒（*Cucumber mosaic virus*，CMV）和莴苣巨脉病毒（*Lettuce big vein virus*，LBVV）侵染引起，不同种病毒可单独侵染，也可由两种或两种以上复合侵染。

莴苣花叶病毒在世界范围内均有分布。在田间主要由蚜虫以非持久方式传播，汁液和种子也可以传播。

蒲公英黄花叶病毒可以通过蚜虫和种子传毒，也可通过汁液接触传毒。在田间主要通过蚜虫传播，桃蚜传毒率最高。

黄瓜花叶病毒的寄主范围广泛，可侵染 1 000 多种双子叶植物和单子叶植物，是禾谷类作物、牧草、观赏植物、蔬菜及果树上发生最广、为害最大的病毒之一。可由 60 多种蚜虫以非持久方式传播，易通过机械接种传播。

莴苣巨脉病毒在世界范围内均有分布。通过嫁接传播，在田间可以由芸薹油壶菌（*Olpidium brassicae*）传播。低温高湿利于此病毒的传播。

3. 病害循环　田间越冬的带毒寄主或种子为初侵染源，带毒的种子可以引起苗期发病。在田间病毒主要通过蚜虫传播，也可通过田间农事操作传播。

4. 发病条件　温度是影响症状表现的重要因素。田间有翅蚜迁飞高峰期是病毒传播扩散高峰期。遇持续高温干旱天气，蚜虫发生严重，利于病毒传播，病害易流行。年度间春、秋季气温偏高且少雨、蚜虫发生严重的年份发病重。

管理粗放、连作、地势低洼、田间农事操作不规范、缺水、氮肥施用过多的田块发病重。

5. 防治方法

（1）农业防治

①建立无病留种田，从无病留种株上采收种子。

②合理轮作，适时播种，合理密植。加强肥水管理，播种前施足基肥、浇足底水，合理追肥，适度浇水，增施磷、钾肥，提高植株抗病力。

③播种前后及时铲除田间和周围的杂草，苗期及时拔除病株。农事操作中接触病株后，用肥皂或洗衣粉水冲洗手和农具。收获后及时清除病残体，深翻土壤。

（2）物理防治　用银灰色遮阳网育苗，或是保护地使用防虫网，及时防除蚜虫。

（3）化学防治　在发病初期喷施 20％病毒 A 可湿性粉剂 500 倍液，或高锰酸钾 1 000 倍液，或抗毒剂 1 号水剂 300 倍液，每隔 10d 喷 1 次，连续 2～3 次。

留种田块及时用药防治蚜虫。

十七、生菜根结线虫病

1. 为害与症状　生菜根结线虫病（lettuce root knot nematode disease）是一种重要病害，在局部地区发生。发病轻时，无明显症状，仅在中午时叶片萎蔫；发病重时，根变小，须根上有许多葫芦状根结，植株地上部矮小、黄化、生长不良，严重时植株枯死（彩图 2 - 11）。

2. 病原　病原为线虫，由南方根结线虫（*Meloidogyne incognita*）引起。线虫雌雄异形。幼虫细长。雄成虫线状，无色透明，尾端稍圆。雌成虫梨形，埋生于寄主组织内。雌虫的卵产在尾端排出的胶质卵囊中（图 2 - 14）。

3. 病害循环　以卵或 2 龄幼虫随病残体在土壤中越冬。

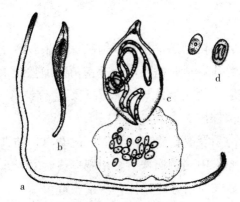

图 2 - 14 南方根结线虫

a. 雄虫 b. 幼虫 c. 雌虫 d. 卵

翌年条件适宜时，越冬卵孵化后从嫩根处侵入寄主，刺激根部细胞增生，形成根结。幼虫在根结内发育至 4 龄后交尾产卵。卵孵化后，2 龄幼虫脱离寄主进入土中再侵染或越冬。病原线虫通过病土、病苗及灌溉水传播。

4. 发病条件 地势高、质地疏松的土壤适宜线虫活动，有利于发病。连作地发病重。

5. 防治方法

（1）农业防治

①选用无病土育苗，合理轮作。

②合理施肥及灌水以增强寄主抵抗力。

③彻底处理病残体，连根拔起，集中烧毁或深埋。

④收获后深翻土壤，阳光暴晒或灌水处理。棚内在盛夏挖沟起垄，沟内灌水，再盖严地膜，密闭棚室 15d，可减轻为害。

（2）化学防治 进行土壤处理，在播种前撒施 98％必速灭颗粒剂于 20cm 深土层内，施药后浇水，播种前

5～7d 松土散气。或在土壤中浇施 1.8％虫螨克乳油 1 500 倍液。

十八、生菜缺素症

生菜缺素症（lettuce element deficiency）是一类重要的生理性病害，在局部地区发生。生菜在生长过程中缺少不同的元素会表现出不同的症状，常见缺素症症状和补救措施详见本书第一章第一节（生菜的需肥特征及缺素症状）。

第三章 生菜虫害、其他有害动物及其防治

一、瓜 蚜

1. 分布与为害 瓜蚜（cotton aphid），学名 *Aphis gossypii* Glover，属半翅目蚜科。寄主广泛，主要为害棉类、瓜类，还为害茄科、豆科、十字花科、菊科等蔬菜，各地均有分布。成虫和若虫多群集在叶背、嫩茎和嫩梢刺吸汁液，能造成嫩梢受害、叶片卷缩、生长点枯死，严重时在苗期能造成整株枯死。蚜虫为害还可引起煤烟病，影响光合作用，更重要的是可传播病毒病，使植株出现花叶、畸形、矮化等症状，并使受害植株早衰。

2. 形态特征识别

（1）无翅孤雌蚜 体卵圆形，长 1.5～1.9mm，体色在春、秋两季低温时为深绿色，夏季高温时为淡绿色，体表常有霉状薄蜡粉（彩图 3-1）。

（2）有翅孤雌蚜 体长 1.2～1.9mm，黄色、浅绿色或深绿色，翅 2 对，头胸部黑色，腹部两侧有 3～4 对黑斑。

（3）卵 椭圆形，0.5mm×0.4mm，初产时黄绿色，后变漆黑色，有光泽。

（4）若蚜 共 4 龄，体长 0.5～1.4mm，形如成蚜。复眼红色，体被蜡粉，有翅若蚜 2 龄现翅芽。

3. 发生规律及特点　辽宁北部地区每年可繁殖 10 余代，长江流域 20～30 世代，可终年辗转于保护地和露地之间繁殖为害。以卵在夏枯草、车前草等草本植物以及花椒、木槿、石榴等木本植物上越冬。瓜蚜繁殖能力强，每雌蚜产若蚜 60～70 头。早春、晚秋 10d 左右完成 1 代，夏季 4～6d 完成 1 代，短期内种群可迅速扩大。每年 4 月，当 5d 平均气温达到 6℃时，越冬卵孵化，在越冬植株上繁殖 2～3 代后产生翅蚜，4 月迁飞到菜园瓜田，6～7 月出现为害高峰。

4. 防治措施

（1）农业防治　经常清除田间杂草，彻底清除瓜类、蔬菜残株病叶等。保护地可采用高温闷棚法，方法是收获完毕后不急于拉秧，先用塑料膜将棚室密闭 3～5d，消灭棚室中的虫源，避免向露地扩散，也可以避免下茬受到蚜虫的为害。

（2）物理防治　利用有翅蚜对黄色较强的趋性，悬挂涂有黏性机油的黄板，板的大小为 30cm×50cm，每 667m² 设置 2～3 块，定期更换。利用银灰色对蚜虫有趋避作用，用银灰色薄膜代替普通地膜覆盖，而后定植播种，隔一定距离挂一条 10cm 宽的银膜，与畦平齐。

（3）化学防治　傍晚密封棚室，每 667m² 用灭蚜粉 1kg，或 10％杀瓜蚜烟雾剂 0.5kg，或 15％异丙威烟雾剂 0.5kg 喷粉或熏烟防治。也可选择用 50％抗蚜威可湿性粉剂 2 000 倍液，或 10％吡虫啉可湿性粉剂 1 500 倍液，或 2.5％鱼藤精乳剂 600～800 倍液，或 20％杀灭菊酯 2 000～3 000 倍液喷洒防治。采收前 7d 停止用药。

（4）生物防治　保护与利用异色瓢虫、草蛉、蚜茧蜂、食蚜蝇等天敌昆虫。

二、胡萝卜微管蚜

1. 分布与为害 胡萝卜微管蚜（celery aphid），学名 *Semiaphis heraclei* Takahashi，属半翅目蚜科，又名芹菜蚜。各地均有分布。第一寄主金银花、黄花忍冬、金银木等，第二寄主芹菜、茴香、芫荽、胡萝卜、白芷、当归、香根芹、水芹等多种伞形科植物。成虫和若虫吸食嫩梢的汁液，使幼叶卷缩，降低产量和品质。

2. 形态特征识别 无翅孤雌蚜：体长 2.1mm、宽 1.1mm，活体黄绿色，有薄粉，头部灰黑色，胸腹部淡色。

3. 发生规律及特点 年发生 10～20 代，以卵在忍冬属植物金银花等枝条上越冬。3 月中旬至 4 月上旬越冬卵孵化，4～5 月严重为害芹菜和忍冬属植物，5～7 月迁移至伞形科蔬菜上为害。10 月产生有翅蚜，向忍冬属植物上迁飞。10～11 月雌雄蚜交配，产卵越冬。

4. 防治措施 早春可在越冬蚜虫较多的越冬芹菜或附近其他蔬菜上施药，防止有翅蚜迁飞扩散。具体参考瓜蚜的防治措施。

三、莴苣指管蚜

1. 分布与为害 莴苣指管蚜（lettuce aphid），学名 *Uroleucon formosanum* Takahashi，属半翅目蚜科。各地均有分布，寄生于莴苣、苦荬菜等。成蚜和若蚜喜群集于嫩梢、花序及叶背面吸食汁液，遇震动易落地。

2. 形态特征识别 无翅孤雌蚜：体长 3.3mm，宽 1.4mm，纺锤状，体土黄色或红黄褐色至紫红色，体表光滑。头顶具黑色横带，骨化深色，触角细长，喙细长，达后足基节。腹部腹管长管状，黑色；尾片色浅，长锥形。

3. 发生规律及特点 年发生 10～20 代，以卵越冬。北方 6～7 月大量发生为害。10 月下旬发生有翅雄蚜和无翅雌蚜。在 20～25℃条件下，4～6d 可完成 1 代，每头孤雌蚜平均可胎生若蚜 60～80 头。

4. 防治措施 参考瓜蚜的防治措施。

四、桃 蚜

1. 分布与为害 桃蚜（green peach aphid），学名 *Myzus persicae* Sulzer，属半翅目蚜科，别名腻虫、桃赤蚜、菜蚜、油汉。各地均有分布。桃蚜是广食性害虫，寄主植物有 300 多种，包括白菜、甘蓝、萝卜、芥菜、芸薹、芜菁、甜椒、辣椒、菠菜等多种作物。成虫和若虫刺吸汁液，使叶片卷缩变形，植株生长不良（彩图 3 - 2）；还可分泌蜜露，引起煤污病，影响植物正常生长；更重要的是传播多种植物病毒，如黄瓜花叶病毒、马铃薯 Y 病毒等。

2. 形态特征识别

（1）无翅孤雌蚜 体长约 2.6mm，宽约 1.1mm，体色有黄绿色、洋红色。腹管长筒形，端部黑色。尾片黑褐色，圆锥形，近端部收缩，两侧各有 3 根长毛。

（2）有翅孤雌蚜 体长 1.6～2.1mm。头胸黑色，腹部淡色。翅无色透明，翅痣灰黄或青黄色。腹管圆筒形，后半部稍粗。尾片圆锥形。

（3）卵 长椭圆形，长 0.5～0.7mm，初淡绿色，后变黑色。

3. 发生规律及特点 桃蚜在华北地区一年可发生 10 余

代，长江流域一年发生 30～40 代，世代重叠严重。冬季以卵在核果树的枝条、叶腋间、裂缝等处以及菜心里越冬，或以无翅胎生雌蚜在近地面的叶背面越冬。

早春，越冬卵孵化，在冬寄主上繁殖为害，随后迁飞到十字花科、茄科等作物上进行为害，晚秋迁飞到冬寄主上产卵越冬。桃蚜也可以一直营孤雌生殖的不全周期生活，比如在北方地区的冬季，仍可在温室内的茄果类蔬菜上继续繁殖为害。发育最适宜温度为 24℃，高于 28℃时不利于桃蚜的生长和繁殖，春、秋两季呈两个发生高峰。

4. 防治措施　参考瓜蚜的防治措施。

五、温室白粉虱

1. 分布与为害　温室白粉虱（greenhouse whitefly），学名 *Trialeurodes vaporariorum*（Westwood），属半翅目粉虱科，俗称小白蛾子。蔬菜保护地栽培中为害日益严重，为害损失达 1/3，严重的可高达 70%。为害 47 科 900 多种植物，是世界性温室害虫，其中受害较重的蔬菜有黄瓜、番茄、茄子、辣椒、生菜等，各地均有发生。成虫和若虫群集于叶背面，口器刺入叶肉吸食花木叶片汁液，受害叶片褪绿变黄、萎蔫，果实畸形僵化，引起植物早衰，严重时全株枯死。除直接为害外，由于粉虱成虫、若虫分泌大量蜜露，污染叶片和果实，诱发煤污病，使蔬菜失去商品价值；还可能传播番茄黄花曲叶病毒。

2. 形态特征识别

（1）成虫　体长 1～1.5mm，淡黄色。翅面覆盖白蜡粉，停息时双翅在体上合成屋脊状，翅端半圆状遮住整个腹部，翅脉简单，前翅具 2 脉，1 长 1 短，后翅 1 脉。

（2）卵 长卵圆形，长约 0.2mm，宽 0.06～0.09mm。有卵柄，柄长约 0.03mm。初产时淡黄色，后逐渐变黑褐色。

（3）若虫 1～3 龄若虫体长 0.29～0.52mm，椭圆形，扁平，淡黄绿色。4 龄若虫又称伪蛹，体长 0.7～0.8mm，椭圆形，黄褐色，体背有长短不齐的蜡丝，体侧有刺。

3. 发生规律及特点 每年可发生 10 余代。在温室或保护地，只要条件适宜，温室白粉虱可终年繁殖，不断地生长，世代重叠现象严重。在自然条件下，一般以卵或成虫在杂草上越冬，也以老熟幼虫及蛹越冬。早春温室内虫口密度较小，随气温回升及温室透风，白粉虱向露地迁移扩散，7～8 月虫口数量增加较快，虫口密度大，9 月中旬气温开始下降，白粉虱又向温室内转移。成虫有强烈的趋黄性和趋嫩性，喜群集于植株中上部嫩叶背面产卵。

4. 防治措施

（1）农业防治

①培育"无虫苗"：育苗时将苗床和生产温室分开，育苗前育苗房进行熏蒸消毒，消灭残余虫口；清除杂草、残株，通风口增设尼龙纱或防虫网等，以防外来虫源侵入。

②合理种植，避免混栽：避免黄瓜、番茄、菜豆等白粉虱喜食的蔬菜混栽，提倡第一茬种植芹菜、甜椒、油菜等白粉虱不喜食、为害较轻的蔬菜，第二茬再种黄瓜、番茄。

③加强栽培管理：结合整枝打杈，摘除老叶并烧毁或深埋，可减少虫口数量。

（2）生物防治 采用人工释放丽蚜小蜂、中华草蛉和轮枝菌等天敌防治白粉虱。放蜂时间一般在温室白粉虱初发期，放蜂量是温室白粉虱的 3～4 倍，每隔 10～14d 放 1 次，连续放 3 次，可控制室内白粉虱的发生为害。

（3）物理防治　利用白粉虱强烈的趋黄习性，在发生初期，将黄板涂机油挂于蔬菜植株行间，诱杀成虫。

（4）化学防治　药剂防治应在虫口密度较低时早期施用，由于粉虱繁殖力强，发生一个世代所需时间短，因此应及时防治，连续用药。可选用 25％噻嗪酮（扑虱灵）可湿性粉剂 1 000～1 500 倍液，或 10％联苯菊酯（天王星）乳油 2 000 倍液，或 2.5％溴氰菊酯（敌杀死）乳油 2 000 倍液，或 20％氰戊菊酯（速灭杀丁）乳油 2 000 倍液，或 2.5％高效氯氟氰菊酯（功夫）乳油 3 000 倍液，或灭扫利乳油 2 000～3 000 倍液等，每隔 7～10d 喷 1 次，连续防治 3 次。

六、朱砂叶螨

1. 分布与为害　朱砂叶螨（carmine spider mite），学名 *Tetranychus cinnabarinus* （Bosiduval），属蛛形纲真螨目叶螨科，又称棉红蜘蛛，是一种广泛分布于世界温带的农林大害虫，在中国各地均有发生。可为害的植物有 32 科 113 种，其中蔬菜 18 种，主要有茄子、辣椒、西瓜、豆类、葱和苋菜。主要以成螨和幼螨聚集成橘红至鲜红色的虫堆在寄主叶背吸食汁液，使叶面产生白色点状。盛发期在茎、叶上形成一层薄丝网，使植株生长不良，严重时导致整株死亡。

2. 形态特征识别

（1）成虫　体色深红色或锈红色，足 4 对。雌螨体长 0.38～0.48mm，卵圆形，体背两侧有块状或条形深褐色斑纹，斑纹从头胸部开始，一直延伸到腹末后端，有时斑纹分隔成 2 块，其中前一块大些。雄螨略呈菱形，稍小，体长

0.3～0.4mm，腹部瘦小，末端较尖。

（2）幼螨 初孵幼螨为 1 龄，近圆形，淡红色，长 0.1～0.2mm，足 3 对。

（3）若螨 幼螨蜕 1 次皮后为第 1 若螨，比幼螨稍大，略呈椭圆形，体色较深，体侧开始出现较深的斑块，足 4 对。此后雄若螨即老熟，蜕皮变为雄成螨。雌性第 1 若螨蜕皮后成第 2 若螨，体比第 1 若螨大，再次蜕皮才成雌成螨。

（4）卵 圆形，直径 0.13mm，初产时无色透明，后渐变为橙红色。

3. 发生规律及特点 发生代数从北向南 10～20 代。在华北以受精雌成螨在杂草、枯枝、落叶、土缝中越冬，在华中以各种虫态在杂草及树皮缝中越冬。春季气温 10℃以上时开始活动，温室内无越冬现象，喜高温。雌成螨寿命 30d，越冬期为 5～7 个月。该螨世代重叠，在高温干燥季节易暴发成灾。主要靠爬行和风进行传播。朱砂叶螨最适温度为 25～30℃，最适相对湿度为 35%～55%，因此高温低湿的 6～7 月为害重，尤其干旱年份易于大发生。

4. 防治措施

（1）农业防治 改善栽培环境，使栽培地段通风、凉爽，适时浇水，以减缓繁殖速度。在受害地段，消除周围枯枝、落叶及杂草，冬季深翻土地，减少虫源。

（2）化学防治 使用 10%苯丁哒螨灵乳油 1 000 倍液，或 1.8%阿维菌素乳油 2 000～3 000 倍液，或 10%苯丁哒螨灵乳油 1 000 倍液加 5.7%甲维盐乳油（如国光乐克）3 000 倍液混合后喷雾防治，建议连用 2 次，间隔 7～10d。

（3）生物防治 释放加州新小绥螨或智利小植绥螨或巴

氏新小绥螨等捕食螨，在释放前需要注意与已经用过的杀菌剂、杀虫剂的安全间隔期。

七、二斑叶螨

1. 分布与为害 二斑叶螨（two spotted spider mite），学名 *Tetranychus urticae* Koch，属蛛形纲真螨目叶螨科。寄主多达 200 余种，主要有各种蔬菜以及大豆、花生、玉米、高粱、苹果、梨、桃、杏、李、樱桃、葡萄、棉花等多种作物和近百种杂草。各地均有发生。二斑叶螨主要寄生在叶片的背面取食，刺穿细胞，吸取汁液，受害叶片先从近叶柄的主脉两侧出现苍白色斑点，随着为害加重，可使叶片变成灰白色至暗褐色，抑制光合作用的正常进行，严重者叶片焦枯以致提早脱落。另外，该螨还释放毒素或生长调节物质，引起植物生长失衡，以致有些幼嫩叶片呈现凹凸不平的受害状，大发生时树叶、杂草、农作物叶片一片焦枯现象。

2. 形态特征识别

（1）雌成螨 体长 0.42～0.59mm，背面观呈椭圆形，生长季节为白色、黄白色，体背两侧各具 1 块黑色长斑，取食后呈浓绿色、褐绿色，当密度大或种群迁移前体色变为橙黄色。

（2）雄成螨 背面观略呈菱形，比雌成螨小，体长 0.26mm，前端近圆形，腹末较尖，多呈绿色。

（3）卵 球形，长 0.13mm，光滑，初产为乳白色，渐变橙黄色，将孵化时现出红色眼点。

（4）幼螨 初孵时近圆形，体长 0.15mm，白色，取食后变暗绿色，足 3 对。

（5）若螨 体近卵圆形，足 4 对。夏型体黄绿色，体背两侧有暗色斑。越冬型体背两侧暗斑逐渐消失，体呈橘黄色或红色。

3. 发生规律及特点 每年在南方发生 20 代以上，在北方发生 12～15 代。在北方以受精的雌成虫在土缝、枯枝落叶下或小旋花、夏至草等宿根性杂草的根际等处吐丝结网潜伏越冬，或在树皮下、裂缝中、根颈处的土中越冬。

3 月当 5d 平均气温达 10℃左右时，越冬雌虫开始出蛰活动并产卵，卵期 10 余 d。成虫开始产卵至第 1 代幼虫孵化盛期需 20～30d，以后世代重叠。于 5 月上旬后陆续迁移到蔬菜上为害，由于温度较低，5 月一般不会造成大的为害。随着气温的升高，其繁殖也加快，在 6 月上中旬进入全年的猖獗为害期，于 7 月上中旬进入年中高峰期。二斑叶螨猖獗发生期持续的时间较长，一般年份可持续到 8 月中旬前后。

4. 防治措施

（1）农业防治 清洁田园，减少红蜘蛛越冬场所和越冬的虫源。加强田间管理，特别是在天气干旱时，注意灌溉并结合施肥，促进植株健壮生长，增强抵抗力。

（2）生物防治 主要是保护和利用自然天敌，或释放捕食螨。

（3）化学防治 参考朱砂叶螨的防治措施。

八、斑 须 蝽

1. 分布与为害 斑须蝽（ugarbeet stink bug），学名 *Dolycoris baccarum*（Linnaeus），属半翅目蝽科，又称臭大姐。各地均有分布，为害多种蔬菜及果树。成虫和若虫群集于嫩枝和幼叶刺吸其汁液，被害部呈褐色小点，嫩茎被害后流出褐色黏液，导致嫩叶干缩畸形，嫩梢萎缩干枯，严重时叶片卷曲，嫩茎凋萎。

2. 形态特征识别

（1）成虫　体长8~13mm，宽4.5~7mm，黄褐色或黑褐色，体色变化较大，全体长满细毛，密布粗大黑点。触角黑白相间。小盾片长，呈三角形，淡黄色，末端钝而光滑。体侧各节接合处黄、黑相间。前翅革片红褐色，膜片黄褐色透明。

（2）卵　橘黄色，圆筒形，上有圆盖，聚集成块，排列整齐。

（3）若虫　共5龄，形态和色泽与成虫相同，略圆，腹部每节背面中央和两侧都有黑斑。

3. 发生规律及特点　该虫每年发生2~3代，有世代重叠现象，以成虫在杂草、枯枝落叶、植物根际、土缝等处越冬。翌年4月条件合适时开始取食活动，4月下旬产卵，将卵产于植物的叶片、嫩枝、花蕾和苞片上，卵竖立成块，每块14~28粒。卵经过4~5d孵化，若虫孵化后聚集在卵块上不动，2~3d后活动，群集在幼苗幼嫩组织上吸食汁液。成虫飞翔能力较强。

4. 防治措施

（1）农业防治　因地制宜地选择较抗虫品种。加强栽培管理，增强树势，提高植株抵抗力。春、秋季节清除杂草，清洁田园，并集中烧毁，消灭越冬成虫。

（2）化学防治　若虫盛发期，可喷洒90%敌百虫晶体1 000倍液或20%杀灭菊酯乳油1 500~2 000倍液或2.5%溴氰菊酯乳油3 000~5 000倍液。

九、苜蓿盲蝽

1. 分布与为害　苜蓿盲蝽（alfalfa plant bug），学名 *Adelphocoris lineolatus*（Goeze），属半翅目盲蝽科。食性很杂，为害豆科牧草、豆类、棉、麻、蔬菜、果树、树木、杂草等 30 多科 100 多种植物。主要发生在淮河以北地区，云南、广西、四川也有发生。若虫或成虫喜集聚活动，一般十几头或几十头聚在一株植物上取食，喜食植物幼嫩组织，如刚出土幼苗的子叶、心叶及花蕾、花器等的汁液。受害作物生长点分枝丛生，叶片呈现白斑，并且卷曲、皱缩，重者枯死绝产。

2. 形态特征识别

（1）成虫　体长 7.5～9mm，宽 2.3～2.6mm，黄褐色，被细毛。触角细长。前胸背板有黑色圆斑 2 个。小盾片突出，其上中线两侧各有黑色纵带 1 条。前翅黄褐色，膜片黑褐色。足胫节具刺，基部有小黑点。

（2）卵　长 1.3mm，浅黄色，香蕉形，卵盖有 1 个指状突起。

（3）若虫　全体深绿色，遍布黑色刚毛，眼紫色，翅芽超过腹部第 3 节，腺囊口八字形。

3. 发生规律及特点　年发生 3～5 代，以卵在各种杂草枯茎组织内越冬。成虫飞行能力较强，扩散、迁徙速度快，白天潜伏，活动的高峰在每天的早晨和傍晚，中午气温高时多在植物叶片背面。

4. 防治措施　防治策略主要包括及早灭卵，防止越冬卵的孵化；集中用药，最好在傍晚喷药，效果较好，注意农药的交替使用，以防止苜蓿盲蝽产生抗药性。

（1）农业防治　处理越冬寄主，及时清除田内及附近的杂草、落叶等杂物，减少虫源。早春结合沤肥除去田埂、路边和坟地的杂草，消灭越冬卵，减少早春虫口基数。

（2）物理防治　利用苜蓿盲蝽成虫的趋光性，可在成虫发生期统一采用黑光灯诱杀成虫，以减少卵的基数。

（3）化学防治　苜蓿盲蝽目前仍以药剂防治为主，发生初期喷洒 50％马拉硫磷乳油或 50％辛硫磷乳油 1 000～1 500 倍液、2.5％溴氰菊酯乳油或 2.5％高效氯氟氰菊酯乳油或 20％灭扫利乳油 2 000 倍液等有机磷和菊酯类复配剂均可收到较好的防效。

十、银纹夜蛾

1. 分布与为害　银纹夜蛾（three spotted plusia），学名 *Argyrogramma agnata*（Staudinger），属鳞翅目夜蛾科，又称黑点银纹夜蛾、豆银纹夜蛾、豆步曲。为害甘蓝、花椰菜、白菜等十字花科蔬菜，豆类作物，茄子、胡萝卜等蔬菜。分布在国内各地。幼虫食叶，将菜叶吃成孔洞或缺刻，并排泄粪便污染菜株。

2. 形态特征识别

（1）成虫　体长 12～17mm，体灰褐色。前翅深褐色，具 2 条银色横纹，翅中央有 1 个显著的 U 形银纹和 1 个近三角形银斑，二者靠近但不相连；后翅暗褐色，有金属光泽（彩图 3-3）。

（2）卵　半球形，长约 0.5mm，白色至淡黄绿色，表面具网纹。

（3）幼虫　末龄幼虫体长约 30mm，淡绿色，虫体前端较细，后端较粗。头部绿色，胸足及腹足皆绿色，第 1、2

对腹足退化,行走时体背拱曲。体背有纵行的白色细线6条,位于背中线两侧,体侧具白色纵纹。

(4)蛹 长约18mm,纺锤形,初期背面褐色,腹面绿色,末期整体黑褐色。

3. 发生规律及特点 每年发生2~8代,各地均以蛹在枯叶、土表等处越冬。成虫昼伏夜出,有趋光性。卵散产,大多产在生菜植株上中部叶片背面。幼虫活泼,受惊后即落地或在生菜植株上假死。1~2龄幼虫有群集性,常数十头隐居于叶背啃食叶肉;3龄后分散,为害加剧;老熟后多在叶背面结薄茧化蛹。

4. 防治措施

(1)农业防治 加强栽培管理,冬季清除枯枝落叶,以减少来年的虫口基数。根据残破叶片和虫粪,人工捕杀幼虫和虫茧。

(2)生物防治 在幼虫发育的1~2龄期,使用每克含活孢子100亿个以上苏云金杆菌加水800~1 000倍喷施防治,也可用白僵菌或绿僵菌防治。

(3)物理防治 用黑光灯可大量杀死银纹夜蛾成虫。

(4)化学防治 尽量选择在低龄幼虫期防治,此时虫口密度小,为害小,且虫的抗药性相对较弱。防治时用45%丙溴辛硫磷乳油1 000倍液,或4.5%高效氯氰菊酯乳油1 000倍液,或0.5%苦参碱水剂500倍液,或25%灭幼脲悬浮剂1 500~2 000倍液喷杀幼虫,用药1~2次,间隔7~10d。可轮换用药,以延缓抗药性的产生。

十一、斜纹夜蛾

1. 分布与为害 斜纹夜蛾(tobacco cutworm),学名

Spodoptera litura（Fabricius），属于鳞翅目夜蛾科，又称莲纹夜（盗）蛾。在国内各地都有发生。食性极杂，几乎所有蔬菜都可为害，尤以十字花科蔬菜、菜豆类受害最烈。幼虫咬食叶片、花、果实，食成孔洞或缺刻，严重时可将全田蔬菜吃成光杆。

2. 形态特征识别

（1）成虫　体长14～20mm，翅展35～46mm，体暗褐色。胸部背面有白色丛毛。前翅灰褐色，花纹多，有3条白色斜阔带纹，所以称斜纹夜蛾。

（2）卵　扁平半球状，直径0.4～0.5mm，表面有网纹，卵块不规则黏合在一起，上覆黄褐色绒毛。

（3）幼虫　老熟幼虫体长33～50mm，体色从土黄色到黑绿色都有。从中胸至第9腹节背面都有1对三角形黑斑，尤以第1、7、8腹节的最大（彩图3-4）。

（4）蛹　长15～20mm，圆筒形，红褐色，尾部有1对短刺。

3. 发生规律及特点　年发生4～9代，一般以老熟幼虫或蛹在田边杂草中越冬。成虫夜出活动，飞翔力较强，具趋光性和趋化性，对糖醋液发酵物尤为敏感。卵多产于叶背的叶脉分叉处，以茂密、浓绿的作物产卵较多。初孵幼虫群集为害，2龄后逐渐分散取食叶肉，4龄后进入暴食期，5～6龄幼虫占总食量的90%。老龄幼虫有昼伏性和假死性，白天多潜伏在土缝处，傍晚爬出取食，遇惊就会落地蜷缩作假死状。

4. 防治措施

（1）农业防治　清除杂草，收获后翻耕晒土或灌水，以破坏或恶化其化蛹场所，有助于减少虫源。结合管理随手摘除卵块和群集为害的初孵幼虫，以减少虫源。

（2）物理防治　用糖醋液或胡萝卜、豆饼等的发酵液，加少许红糖、敌百虫进行诱杀。采用黑光灯、频振式杀虫灯诱蛾。

（3）化学防治　参考银纹夜蛾的化学防治。

应注意不同农药交替使用，少使用拟除虫菊酯类药剂，采用低容量喷雾，除了植株上要均匀着药以外，植株根际附近地面要同时喷透，以防漏治滚落地面的幼虫。

十二、甜菜夜蛾

1. 分布与为害　甜菜夜蛾（beet armyworm），学名 *Spodoptera exigua* Hübner，隶属于鳞翅目夜蛾科，全世界广泛分布。食性广，在蔬菜产区尤以十字花科蔬菜受害最烈。初孵幼虫结疏松网在叶背群集取食叶肉，受害部位呈网状半透明的窗斑，干枯后纵裂。3 龄后幼虫开始分群为害，可将叶片食成孔洞或缺刻，仅残存叶脉，严重时全部叶片被食尽，整个植株死亡。

2. 形态特征识别

（1）成虫　体长 10～14mm，翅展 25～34mm。头胸及前翅灰褐色，前翅基线仅前端可见双黑纹，内、外线均双线黑色。环状纹和肾状纹粉黄色，后翅白色（彩图 3 - 5a）。

（2）卵　圆馒头形，直径 0.2～0.3mm，白色，表面有放射状的隆起线。

（3）幼虫　老熟幼虫体长约 22mm。体色变化很大，有绿色、暗绿色至黑褐色。腹部体侧有黄白色纵带，带的末端直达腹部末端。各体节气门后上方有 1 个明显的白点（彩图 3 - 5b）。

（4）蛹　体长 10mm 左右，黄褐色。

3. 发生规律及特点　长江流域地区每年发生 5～6 代，长江以北每年发生 4～5 代。在北方以蛹在土表下越冬，在亚热带和热带地区可全年繁殖为害。甜菜夜蛾属喜高温、干旱的害虫，最适宜温度 20～23℃，相对湿度 50％～75％，7～8 月为害较重。成虫有趋光性。

4. 防治措施

（1）农业防治　结合田间管理，及时摘除卵块和虫叶，集中消灭。

（2）物理防治　在成虫始盛期，在大田设置黑光灯、高压汞灯及频振式杀虫灯诱杀成虫，同时利用性引诱剂诱杀成虫。

（3）生物防治　使用苏云金杆菌制剂及保护利用腹茧蜂、叉角厉蝽、星豹蛛等天敌的生物防治方法。

（4）化学防治　及早防治，在 3 龄前喷药防治。在发生期每隔 3～5d 田间检查一次，发现有点片的应重点防治。防治可参考银纹夜蛾的化学防治，喷药应在傍晚进行。

十三、甘蓝夜蛾

1. 分布与为害　甘蓝夜蛾（cabbage moth），学名 *Mamestra brassicae* Linnaeus，属鳞翅目夜蛾科，又称为甘蓝夜盗虫。此虫分布广泛，国内分布于全国各地。多食性害虫，除为害各种十字花科蔬菜外，还可为害甜菜、马铃薯等块根类作物，野生寄主中以藜科植物如灰菜最喜取食。主要以幼虫为害作物的叶片，严重时能把叶肉吃光，仅剩叶脉和叶柄，吃完一处再成群结队迁移为害，结球甘蓝类常常有幼虫钻入叶球，并留有很多粪便，污染叶球，还易引起腐烂。

2. 形态特征识别

（1）成虫　体长 10～25mm，翅展 30～50mm，灰褐色。前翅中央位于前缘附近内侧有一环状纹，灰黑色，肾状纹灰白色，外横线、内横线和亚基线黑色，沿外缘有黑点 7 个，前缘近端部有白点 3 个。后翅灰白色。

（2）卵　半球形，底径 0.6～0.7mm，黄白色，卵粒表面有放射状的 3 序纵棱。卵成块，但卵粒不重叠。

（3）幼虫　体色随龄期不同而异，初孵化时体色稍黑，全体有粗毛，体长约 2mm。2 龄幼虫体长 8～9mm，全体呈绿色。1～2 龄幼虫仅有 3 对腹足。3 龄体长 12～13mm，全体呈绿黑色，具明显的黑色气门线。3 龄后具 5 对腹足。4 龄体长 20mm 左右，体色灰黑色，各体节线纹明显。老熟幼虫体长约 40mm，头部黄褐色，胸部、腹部背面黑褐色，散布灰黄色细点，腹面淡灰褐色，前胸背板黄褐色，臀板黄褐色，椭圆形。

（4）蛹　长 20mm 左右，赤褐色。蛹背面中央具有深褐色纵行暗纹 1 条。臀棘 2 根，末端膨大呈球状。

3. 发生规律及特点　一年 3～4 代，各地均以蛹在土表下 10cm 左右处越冬。成虫对糖醋味趋性明显。成虫喜欢在高大茂密的作物上产卵，所以水肥条件好、长势旺盛的蔬菜地受害重。卵孵化后有先吃卵壳的习性，初孵幼虫群集于叶背进行取食，2～3 龄开始分散为害，4 龄后昼伏夜出进行为害。

4. 防治措施

（1）农业防治　耕翻土地，消灭部分越冬蛹，及时清除杂草和老叶，创造通风透光的良好环境，以减少卵量。掌握卵期及初孵幼虫期集中取食的习性，结合田间管理工作，摘除卵块及初孵幼虫食害的叶片，可消灭大量的卵和初孵幼虫。

（2）物理防治　成虫发生期用糖醋液诱杀成虫。

（3）生物防治　卵期进行人工释放赤眼蜂，每 667m^2 设置放蜂点 6～8 个，每次释放 2 000～3 000 头，持续 2～3 次。在幼虫钻入叶球前喷洒苏云金杆菌制剂。

（4）化学防治　尽量选择在低龄幼虫期防治，此时虫口密度小，为害小，且虫的抗药性相对较弱。防治可参考银纹夜蛾的化学防治。

十四、莴苣冬夜蛾

1. 分布与为害　莴苣冬夜蛾（lettuce noctuid），学名 *Cucullia fraterna* Butler，属于鳞翅目夜蛾科。分布于黑龙江、内蒙古、新疆、江西、辽宁、吉林、浙江等地。寄生于莴苣，幼虫为害生菜、苦荬菜等的嫩叶。

2. 形态特征识别

（1）成虫　体长 20mm 左右，翅展 46mm 左右。头部、胸部灰色，腹部褐灰色。前翅灰色或杂褐色，翅脉黑色，内横线黑色呈深锯齿状；肾状纹黑边隐约可见；后翅黄白色，翅脉明显，端区及横脉纹暗褐色（彩图 3-6）。

（2）卵　半圆形，有纵棱及横道，乳白色至浅黄色。

（3）幼虫　末龄幼虫体长 45mm 左右，头黑色，头盖缝灰白色。气门线、背线黄色，各体节两侧在两线之间各具近菱形大黑斑 1 个，斑外有浅黄色环，各节间生哑铃状黑斑。腹面黑色，节间也有黑黄相间点块。胸足及腹足基部黑色。

（4）蛹　长 23mm 左右，红褐色，化蛹时做一土茧。

3. 发生规律及特点　在辽宁、吉林一年发生 2 代，以蛹越冬，幼虫 6 月下旬至 9 月初出现。

4. 防治措施　参考银纹夜蛾的防治措施。

十五、棉 铃 虫

1. 分布与为害 棉铃虫（cotton bollworm），学名 *Helicoverpa armigera*（Hübner），属鳞翅目夜蛾科，又名玉米穗虫、番茄实青虫。广泛分布于世界各地，国内蔬菜种植区均有发生。寄主植物有 30 多科 200 余种。棉铃虫是棉花蕾铃期的重要钻蛀性害虫，以幼虫蛀食蕾花果实，偶也蛀茎，并且食害嫩茎、叶、芽。除为害棉花外，还咬食番茄等蔬菜的蕾和花，蛀食果实，蛀孔多在蒂部，雨水、病原易侵入引起腐烂脱落。

2. 形态特征识别

（1）成虫 体长 14～20mm，翅展 36～40mm。体色多变，有黄褐色、灰黄色、灰绿色等。前翅有黑色的环状纹和肾状纹；后翅灰白色，沿外缘有黑褐色宽带，宽带中部有 2 个相连的灰白斑（彩图 3-7a）。

（2）卵 半球形，底径约 0.5mm，乳白色，卵壳上有纵横网格。

（3）幼虫 老熟幼虫体长 30～42mm，体色变化大，有淡绿色、绿色、淡红色、黑紫色等，两根前胸侧毛连线与前胸气门下端相切，甚至通过前胸气门，体表布满褐色和灰色的小刺（彩图 3-7b）。

（4）蛹 体长 17～21mm，纺锤形，黄褐色。腹部第 5～7 节的背面和腹面密布半圆形刻点，腹末端有臀刺 2 根。

3. 发生规律及特点 棉铃虫在我国年发生 3～5 代，各地的年发生代数和主要为害世代各不相同。各地一般均以蛹在土中越冬。成虫昼伏夜出，晚上活动、觅食和交尾、产卵。飞翔力强，对黑光灯以及萎蔫的杨、柳、枫杨、刺槐等枝把散发的气味趋性较强。幼虫有转株为害习性，3 龄以上的幼虫具有自相残杀的习性。

4. 防治措施

（1）农业防治　合理布局作物，丰富田间天敌资源；耕地灭蛹，冬季深翻冬灌，中耕灭茬，均可降低虫口数。

（2）物理防治　可利用灯光诱杀，杨树枝把诱蛾，性诱剂诱蛾。

（3）生物防治　保护自然天敌，尽量减少农药的使用和改进施药方式，减少对天敌的杀伤，发挥自然天敌对棉铃虫的控制作用；喷洒生物农药，如 Bt 乳剂、核多角体病毒（NPV）、雷公藤精乳油等。

（4）化学防治　在幼虫 3 龄前进行防治。为避免或延缓抗药性的产生，要注意多种药剂交替轮换使用，可选用 5％高效氯氰菊酯乳油 1 500 倍液，或 2.5％氯氟氰菊酯乳油 2 000 倍液等药剂。

十六、甘薯天蛾

1. 分布与为害　甘薯天蛾（sweet potato hornworm），学名 *Agrius convolvuli* (Linnaeus)，属鳞翅目天蛾科，又称旋花天蛾、白薯天蛾、甘薯叶天蛾。为害甘薯、牵牛花、月光花等旋花科植物，以及芋艿、葡萄、扁豆和赤小豆等。全世界及国内各地均有分布。幼虫轻度发生时造成叶片缺刻，重度发生时吃光全部叶片，影响作物生长发育。

2. 形态特征识别

（1）成虫　体长 50mm 左右，翅展 90～120mm，体、翅暗灰色。前翅灰褐色，翅上有许多锯齿状纹和云状斑纹；

后翅淡灰色，有4条暗褐色横带。腹部背面灰色，两侧各节有白、红、黑3条横线（彩图3-8）。

（2）卵　球形，直径2mm，初产时淡黄绿色。

（3）幼虫　共5龄，老熟幼虫体长83~100mm，体两侧各有2条黑纹，第8腹节背面有光滑而末端下垂的弧形尾角。幼虫有绿色和褐色两种色型。绿色型头淡黄色，斜纹白色，尾角杏黄色。褐色型体背土黄色，侧面黄绿色，杂有粗大黑斑，体侧有灰白色斜纹，气孔红色，外有黑轮。

（4）蛹　长56mm，暗红色，喙延伸卷曲呈长椭圆形环，与体相接。

3. 发生规律及特点　北京每年发生1~2代，安徽每年发生3~4代。各地均以蛹在土中10cm左右深处越冬。成虫昼伏夜出，趋光性强，飞翔力较强，能迁飞远地繁殖为害。5、6月越冬蛹羽化成成虫，第1代幼虫发生于5月下旬至6月下旬。

4. 防治措施

（1）农业防治　随田间管理人工除灭，深耕土壤，把蛹消灭在羽化之前。

（2）诱杀成虫　在成虫盛发期用糖浆毒饵诱杀。利用灯光诱杀也有一定的防效。

（3）化学防治　发生严重的地区，于幼虫3龄前每667m² 喷施2.5%敌百虫粉1.5~2kg，或80%敌百虫晶体2 000倍液。

十七、豆 天 蛾

1. 分布与为害　豆天蛾（soybean hornworm），学名 *Clanis bilineata*，属鳞翅目天蛾科，别名豆虫。主要分布于我国黄淮流域和长江流域及华南、华北地区，主要寄主植物有大豆、绿豆、豇豆和刺槐等。以幼虫取食大豆叶，低龄幼虫吃成网孔和缺刻，高龄幼虫食量增大，严重时可将豆株吃成光杆，使之不能结荚，影响产量。

2. 形态特征识别

（1）成虫　体长 40～45mm，翅展 100～120mm。体黄褐色。头胸背面有暗褐色纵线。前翅有 6 条浓色的波状横纹，近顶角有 1 个三角形褐色斑。后翅小，暗褐色，基部和后角附近黄褐色。

（2）卵　椭圆形或球形，长 2～3mm，初产时黄白色，孵化前变褐色。

（3）幼虫　老熟幼虫体长 82～90mm，黄绿色。从腹部第 1 节起，两侧各有 7 条向背后方倾斜的黄白色斜线。尾角黄绿色，短而向下弯曲。

（4）蛹　体长 40～50mm，纺锤形，红褐色。腹部口器明显突出，呈钩状弯曲。

3. 发生规律及特点　豆天蛾发生代别因地而异。在北京 7、8 月灯下可见成虫，河南、山东、江苏一年发生 1 代，湖北一年发生 2 代。以老熟幼虫在土中 9～12cm 深处越冬。成虫白天隐蔽，多傍晚活动，飞翔能力强，迁移性大，喜食花蜜，有趋光性。卵多散产于豆株叶背面，少数产在叶正面和茎秆上。初孵幼虫有背光性，白天潜伏于叶背面，1～2 龄幼虫一般不转株为害，3～4 龄因食量增大则有转株为害的习性。

4. 防治措施

（1）农业防治　选种抗虫品种。及时秋耕、冬灌，降低越冬虫口基数。水旱轮作，尽量避免豆科植物连作，可以减轻为害。

（2）物理防治　利用成虫较强的趋光性，设置黑光灯诱杀成虫，可以减少豆田的落卵量。

（3）生物防治　用杀螟杆菌或青虫菌（每克含孢子量80亿～100亿个）500～700倍液，每667m² 用菌液50kg。

（4）化学防治　1～3龄期用药。可选择2.5%敌百虫粉剂或2%西维因粉剂喷粉防治，每667m² 喷2～2.5kg。亦可选择90%敌百虫晶体800～1 000倍液，或45%马拉硫磷乳油1 000倍液，或50%辛硫磷乳油1 500倍液，或2.5%溴氰菊酯乳油5 000倍液喷雾防治，7～10d防治一次，连续2～3次。

十八、肾 毒 蛾

1. 分布与为害　肾毒蛾（soybean tussock moth），学名 *Cifuna locuples* Walker，属鳞翅目毒蛾科，又称大豆毒蛾、肾纹毒蛾。主要为害大豆、绿豆、大白菜、茶、花卉等多种农作物，在我国北起黑龙江、内蒙古，南至台湾、广东、广西、云南均有分布。以幼虫蚕食叶片，初孵幼虫群集于叶背为害，蚕食叶肉剩余网状表皮；幼虫稍大后分散取食，蚕食叶片使之穿孔或仅留叶脉。

2. 形态特征识别

（1）成虫　体长15～20mm。体色呈黄褐色至暗褐色。后胸和第2、3腹节背面各有1束黑色短毛束。前翅有1条深褐色肾形横脉纹，微向外弯曲，内区布满白色鳞片，内线为1条内衬白色细线的褐色宽带。后翅淡黄带褐色（彩图3-9）。

（2）卵　半球形，淡青绿色。

（3）幼虫　共5龄，老熟幼虫体长约40mm，体色呈黑褐色。前胸背板长有褐色毛，前胸背面两侧各有1个黑色大瘤，上生向前伸的长毛束，其余各瘤褐色，上生白褐色毛。第1～4腹节背面有暗黄褐色短毛刷，第8腹节背面有黑褐色毛束。

（4）蛹　长约20mm，红褐色，背面有长毛，腹部前4节具灰色瘤状突起。

3. 发生规律及特点　年发生2～3代，均以幼虫在下部叶片背面越冬，4月开始为害。贵州第1代成虫于5月中旬至6月下旬发生，第2代成虫于8月上旬至9月中旬发生。卵期11d，幼虫期35d左右，蛹期10～13d。

4. 防治措施

（1）农业防治　清除在叶片背面的越冬幼虫，减少虫源。掌握在各代幼虫分散为害之前，及时摘除群集为害虫叶，清除低龄幼虫。

（2）物理防治　成虫羽化盛期，用黑光灯诱捕成虫。

（3）化学防治　参考银纹夜蛾的化学防治。

十九、短额负蝗

1. 分布与为害　短额负蝗（brevis front grasshopper），学名 *Atractomorpha sinensis* Bolivar，又称尖头蚱蜢、中华负蝗，属直翅目锥头蝗科。在我国分布很广。食性杂，能为害白菜、甘蓝、萝卜、豆类、茄子、马铃薯等各种蔬菜及农作物等100余种植物。成虫和若虫多栖息在茎叶上取食，影响作物生长发育，降低蔬菜商品价值。

2. 形态特征识别

（1）成虫　体长21～31mm，体形瘦长，淡绿色至褐色和浅黄色，并杂有黑色小斑。头部锥形，向前突出，先端伸出 1 对触角。后足发达为跳跃足。前翅绿色；后翅基部红色，端部绿色（彩图 3-10）。

（2）卵 乳白色，长椭圆形，卵块外有黄褐色分泌物封固。

（3）若虫 体似成虫，初为淡绿色，杂有白点。复眼黄色。前、中足有紫红色斑点，俗称跳蝻。

3. 发生规律及特点 在东北、华北地区 1 年发生 1 代，以卵在土中卵囊内越冬。翌年 5 月卵孵化，初孵若虫群集在叶片上，先食叶肉，使叶片呈网状。雄成虫在雌虫背上交尾与爬行，故称"负蝗"。一般将卵产于向阳的较硬的土层中，卵呈块状，每块卵有 10 多粒至 20 多粒。成虫和若虫均善跳跃。若虫初孵时有群集性，3 龄以后分散为害。

4. 防治措施

（1）农业防治 消灭越冬虫源，在春季、秋季铲除田埂杂草，把卵块暴露在地面晒干，也可加厚田埂，使孵化后的跳蝻不能出土。

（2）生物防治 在路边沟旁植树引诱鸟类，保护蜘蛛、蚂蚁、蛙类等天敌，充分发挥天敌的控制作用。

（3）化学防治 抓住初孵蝗蝻在田埂、渠堰旁集中为害杂草且扩散能力极弱时喷药防治。可选用的药剂有 0.3%印楝素乳油 100mL/hm²、10%醚菊酯乳油 60～100mL/hm²、4.5%高效氯氰菊酯乳油 50mL/hm²、20%氯虫苯甲酰胺悬浮剂 10mL/hm²，对水 750L 喷雾。

二十、散居型飞蝗

1. 分布与为害 散居型飞蝗（Asiatic migratory locust），

学名 *Locusta migratoria*，又称散居型亚洲飞蝗、蝗虫，属直翅目蝗科。为害甘蓝、白菜等各种蔬菜及农作物。我国各地均有发生。成虫及若虫食叶，影响作物生长发育并降低蔬菜商品价值。

2. 形态特征识别

（1）成虫　体长 40～53mm，头、胸及后足股节绿色，余为褐色；前胸背板的中隆线呈弧形隆起（彩图 3-11a）。

（2）卵　长约 6mm，宽约 1.3mm，长椭圆形，中间略弯，后端较粗。初产为浅黄色至肉红色，发育过程中吸水长大呈淡灰黄色。卵粒倾斜排列成卵块，包裹在卵囊中。

（3）若虫　称蝗蝻，共 5 龄，形似成虫。1 龄若虫翅芽不明显；2 龄若虫前胸背板后缘开始向后拱出，翅芽较显著，端部圆形，向后斜伸；3 龄若虫前胸背板后缘拱成钝角形，前翅芽狭长，后翅芽略呈三角形；4 龄若虫前胸背板后缘向后拱成三角形，翅芽伸达第 2 腹节；5 龄若虫前胸背板后缘向后拱出十分明显，翅芽很大，伸达第 4～5 腹节（彩图 3-11b）。

3. 发生规律及特点　每年发生 1 代，以卵在土中越冬，6～9 月散见于菜田零星为害。该昆虫繁殖能力强，数量多，严重时会暴发蝗灾，导致农作物绝收。

4. 防治措施　参考短额负蝗的防治措施。

二十一、菠菜潜叶蝇

1. 分布与为害　菠菜潜叶蝇（spinach leaf miner），学名 *Pegomya exilis*，又称藜泉蝇、甜菜潜叶蝇，属双翅目花蝇科。幼虫俗称菠菜蛆、叶蛆。国内分布于辽宁、内蒙古、新疆、河北、山西等地。寄主为菠菜、甜菜等藜科植物，以及茄科、石竹科植物。幼虫潜入寄主上下表皮之间取食叶肉，仅留上下表皮，造成块状隧道而干枯，并残留虫粪在隧道内，使蔬菜失去食用价值，并影响产量。

2. 形态特征识别

（1）成虫　体长 4.5～6.0mm，体呈青灰色。头、胸部灰黑色，腹部淡灰黄色，足的胫节、腿节黄褐色，跗节黑色。雌成虫略大，两朱红色复眼相距较远，中胸盾片有 4 条不很明显的灰色纵条，翅脉微黄，前足胫节具 1～2 条后腹鬃。雄成虫略小，两复眼相距较近。

（2）卵　椭圆形，长约 1mm，乳白色，有不正的六角形刻纹。

（3）幼虫　蛆状，污黄色，半透明，有皱纹，老熟幼虫长约 7.5mm。

（4）蛹　椭圆形，长 5mm 左右，浅黄褐色至暗褐色，腹部末端有 7 对肉质状突起。

3. 发生规律及特点　华北一年发生 3～4 代，以蛹在土中越冬，第二年春季羽化为成虫，在寄主叶片背面产卵。幼虫孵化后直接潜入寄主叶片取食叶肉，形成曲线状隧道，随虫龄增大，隧道变成块状泡斑。老熟后一部分在叶内化蛹，一部分从叶中脱出入土化蛹，越冬代则全部入土化蛹。以春季第一代发生量最大。

4. 防治措施

（1）农业防治　根茬越冬菠菜，一定要在谷雨前全部收完，以减少越冬代成虫产卵。早春及时清除田间、田边杂草；收获后及时清洁田园，深翻土地，可减少下代及越冬的虫源。施用充分腐熟的粪肥，以免将虫源带进田里。

（2）物理防治　用黏虫板诱杀成虫。

（3）化学防治　4月中旬前后开始用药防治，初次用药应选择在成虫发生期。在潜叶蝇产卵盛期至孵化初期还未钻入叶内时用药防治，可喷洒2.5%溴氰菊酯乳油2 000倍液、或20%氰戊菊酯乳油3 000倍液、或48%乐斯本乳油1 000～2 000倍液、或48%毒死蜱乳油2 000倍液、或50%辛硫磷乳油1 000倍液进行防治。

二十二、美洲斑潜蝇

1. 分布与为害　美洲斑潜蝇（vegetable leaf miner），学名*Liriomyza sativae* Blanchard，属于双翅目潜蝇科，是一种检疫性害虫，适应性强，繁殖快，寄主广泛，其对菜豆、黄瓜、番茄、甜菜、辣椒、芹菜等蔬菜作物造成较大为害，各地均有发生。美洲斑潜蝇以幼虫和成虫为害叶片，幼虫取食叶片正面叶肉，形成先细后宽的蛇形弯曲或蛇形盘绕虫道。雌成虫用产卵器刺破寄主叶片产卵和吸食汁液，留下密密麻麻的灰白色小点。幼虫和成虫的为害可导致幼苗全株死亡，造成缺苗断垄；成株受害，可加速叶片脱落，引起果实日灼，造成减产。

2. 形态特征识别

（1）成虫　体长1.3～2.3mm，浅灰黑色，触角和颜面为亮黄色，胸背板亮黑色，小盾片鲜黄色，体腹面黄色。雌成虫比雄成虫大。

（2）卵　椭圆形，长径为0.2～0.3mm，短径为0.10～0.15mm，米色，略透明。

（3）幼虫　蛆状，初无色，后变为浅橙黄色至橙黄色，老熟幼虫长约3mm。

（4）蛹　椭圆形，腹面稍扁平，长1.7～2.3mm，橙

黄色。

3. 发生规律及特点　一年发生代数随地域而异，在我国南方可周年发生，无明显的滞育现象，北方地区露地条件下不能越冬，但可在温室内越冬。在南方自然条件下年发生16～24代，华北地区6～14代。雌虫以产卵器刺伤叶片产卵于表皮下，卵经3～5d孵化为幼虫，幼虫在叶内潜道取食，每叶潜道25～70条。幼虫经4～7d后咬破叶表皮在叶外或土表层化蛹，蛹期5～12d。

4. 防治措施　斑潜蝇寄主植物多，发育周期短，繁殖能力强，世代重叠严重，幼虫隐蔽，耐药性强，防治较困难。在防治策略上应采用以农业防治措施为基础的综合防治措施。严格检疫工作，防止传带或扩散虫体。

（1）农业防治　清洁绿地和花圃基地，清除杂草和植株残体，及时摘除和处理虫叶。调整种植布局，轮作倒茬。

（2）生物防治　在棚内释放姬小蜂、潜蝇茧蜂等寄生蜂，对斑潜蝇防治率较高。

（3）物理防治　黄板诱杀成虫。在瓜类、豆类作物生长的前、中期将涂有黏虫胶的黄板平置于接近植株上部位，诱杀成虫。

（4）化学防治　当苗期受害株率达10％～15％时可施药防治，在低龄幼虫高峰期和成虫高峰期施药效果较好。其中田间大部分被害叶片出现2cm以下的蛀道时，即为低龄幼虫高峰期，可考虑施药。常用药剂有50％蝇蛆净粉剂2 000倍液、25％杀虫双水剂400倍液，喷施防治。

二十三、蝼　　蛄

1. 分布与为害　蝼蛄（mole cricket），俗称拉拉蛄、土狗子、地拉蛄等，属直翅目蝼蛄科，是一种常见的地下害虫。在我国为害较重的主要是华北蝼蛄（*Gryllotalpa unispina* Saussure）和东方蝼蛄（*G. orientalis* Burmesiter）。

蝼蛄为多食性害虫，以成虫和若虫咬食蔬菜及各类作物播下的种子和幼苗，受害的根部呈乱麻状。同时由于成虫和若虫在地下活动开掘隧道，使苗根与上部分离，造成幼苗干枯死亡，致使苗床缺苗断垄。

2. 形态特征识别

（1）华北蝼蛄　体长 36～56mm，黄褐色。前胸背板盾形，中央具 1 个凹陷不明显的暗红色心脏形坑斑。前翅短，覆盖腹部不到 1/3。前足开掘足，后足胫节背面内侧有棘 1 个或消失。腹部近圆筒形。

（2）东方蝼蛄　体长 30～35mm，浅灰褐色，全身密布细毛。头圆锥形，触角丝状。前胸背板卵圆形，中间具 1 个明显暗红色长心脏形凹陷斑。前翅短，达腹部中部。前足开掘足，后足胫节背面内侧有棘 3～4 个。腹部近纺锤形（彩图 3 - 12）。

3. 发生规律及特点　华北蝼蛄若虫共 12～13 个龄期，3 年完成 1 个世代，以成虫和 8 龄以上的各龄若虫在土中越冬。东方蝼蛄若虫共 6 个龄期，分别以成虫和若虫越冬，南方地区 1 年完成 1 个世代，北方地区 2 年完成 1 个世代。蝼蛄均具昼伏夜出的特点，21：00～23：00 为活动取食高峰。主要习性包括：①趋光性：有强烈的趋光性。②趋化性：蝼蛄对香、甜等物质特别嗜好，对煮至半熟的谷子、稗子，炒香的豆饼、麦麸等很喜好，可制毒饵进行诱杀。③趋粪性：对马粪等未腐烂有机质也具有趋性。

4. 防治措施

（1）农业防治　施用厩肥、堆肥等有机肥料要充分腐熟，深耕、中耕也可减轻蝼蛄的为害。

（2）物理防治　蝼蛄的趋光性很强，在羽化期间，19：00～22：00可用灯光诱杀；或在苗圃步道间每隔20m左右挖1个小坑，将马粪或带水的鲜草放入坑内诱集，再加上毒饵更好，次日清晨可在坑内集中捕杀。

（3）生物防治　鸟类是蝼蛄的天敌。可在作物周围栽植杨、刺槐等防风林，招引红脚隼、戴胜、喜鹊、黑枕黄鹂和红尾伯劳等食虫鸟以利控制虫害。

（4）化学防治　药剂拌种：播种前，针对种子进行处理。可用50％辛硫磷乳油，或50％对硫磷乳油，或40％乐果乳油，或20％甲基异柳磷乳油等拌种。毒谷、毒饵：利用蝼蛄对食物的正趋性，将麦麸、炒香的饵料等加水，与农药如乐果、敌百虫等拌成豆渣状撒施。

二十四、小地老虎

1. 分布与为害　小地老虎（black cutworm），学名 *Agrotis ypsilon* （Rottemberg），又名土蚕、切根虫，世界性害虫，国内各地均有不同程度发生，为害棉花、玉米、小麦、高粱、烟草、马铃薯、麻、豆类、蔬菜及多种低矮草本植物。长江流域、东南沿海雨量丰富，气候湿润，发生最重。小地老虎是一种迁飞性、暴食性害虫，刚孵化的幼虫群集于幼苗顶心嫩叶处昼夜取食，把叶片咬成小缺刻或网孔状。幼虫3龄后会将蔬菜幼苗近地面的茎部咬断，还常将咬断的幼苗拖入洞中，上部叶片往往露出穴外，植株整体死亡，造成缺苗断垄。

2. 形态特征识别

（1）成虫　体长 16～23mm。触角雌蛾丝状；雄蛾双栉齿状，栉齿仅达触角之半，端半部则为丝状。前翅前缘及外横线至内横线部分呈黑褐色；在肾形斑外侧有 1 个明显的尖端向外的楔形黑斑，在亚缘线上有 2 个尖端向内的黑褐色楔形斑，3 斑尖端相对，是其最显著的特征。后翅淡灰白色，翅脉黑色（彩图 3 - 13）。

（2）卵　扁圆形，直径 0.61mm，高 0.5mm 左右，表面有纵横相交的隆线，出产时乳白色，后渐变为黄色，孵化前顶部呈现黑点。

（3）幼虫　头部暗褐色，侧面有黑褐色斑纹，体黑褐色稍带黄色，密布黑色小圆突，腹部末端肛上板有 1 对明显的黑纹。

（4）蛹　体长 18～24mm，红褐色或暗红褐色。腹末有较短的黑褐色粗刺 1 对。

3. 发生规律及特点　年发生代数由北至南不等，北京 3～4 代，安徽、江苏 5 代。在长江以南以蛹及幼虫越冬；在广东、广西、云南则全年繁殖为害，无越冬现象。喜温暖潮湿的条件，最佳发育温区 13～25℃。在河流湖泊地区或低洼内涝、雨水充足及常年灌溉地区，尤在早春菜田及周缘杂草多，可提供产卵的场所；蜜源植物多，可为成虫提供补充营养的条件下，将会形成较大虫源，发生严重。

4. 防治措施

（1）农业防治　加强栽培管理，合理施肥灌水，增强植株的抵抗力。合理密植，雨季注意排水措施，保持适当的温湿度，及时清园，适时中耕除草，秋末冬初进行深翻土壤，减少虫源。

（2）物理防治

①诱杀成虫：用糖、醋、酒诱杀液或甘薯、胡萝卜等发酵液诱杀成虫。

②捕杀幼虫：清晨在缺苗、缺株的根际附近挖土，人工捕杀幼虫。

（3）化学防治　对不同龄期的幼虫，应采用不同的施药方法。幼虫 3 龄前采用喷雾、喷粉或撒毒土进行防治；3 龄后，田间出现断苗，可用毒饵或毒草诱杀进行防治。

①喷雾：每公顷可选用 50％辛硫磷乳油 750mL，或 2.5％溴氰菊酯乳油或 40％氯氰菊酯乳油 300～450mL，或 90％晶体敌百虫 750g 对水 750L 喷雾。

②毒土或毒沙：可选用 2.5％溴氰菊酯乳油 90～100mL，或 50％辛硫磷乳油或 40％甲基异柳磷乳油 500mL 加水适量，喷拌细土 50kg 配成毒土，每公顷 300～375kg 顺垄撒施于幼苗根际附近。

③毒饵或毒草：毒饵可选用 90％晶体敌百虫 0.5kg 或 50％辛硫磷乳油 500mL，加水 2.5～5L，喷在 50kg 碾碎炒香的棉籽饼、豆饼或麦麸上，于傍晚在受害作物田间每隔一定距离撒一小堆，或在作物根际附近围施，每公顷用 75kg。毒草可用 90％晶体敌百虫 0.5kg，拌铡碎的鲜草 75～100kg，每公顷用 225～300kg。

二十五、其他有害动物

（一）鼠妇

1. 分布与为害　鼠妇（pillbug），学名 *Armadillidium vulgare* Latreille，别名潮虫、西瓜虫，属于等足目鼠妇科。分布于全国各地，为害番茄、黄瓜、南瓜、瓠瓜、芥菜、小白菜、菜用大豆、菜豆、豇豆、苋菜、空心菜、莴苣、芹菜等蔬菜以及食用菌。在田间主要为害幼苗和幼芽、嫩根，造成缺苗断垄。

2. 形态特征识别

（1）成虫　　长椭圆形，体长 10 ～ 14mm，体宽 2 ～ 6.5mm，灰褐色，头部具 1 对线状触角。雌成虫体背暗褐色，雄成虫较青黑。

（2）卵　　近球形，黄褐色。

（3）幼虫　　初孵幼虫白色，半透明。

3. 发生规律及特点　　该虫胎生繁殖，离开母体即可自由活动取食，取食后体壁颜色较深，身体增大，隔一段时间需钻入土中蜕皮。幼虫孵化后多随雌成虫群集在一起，多发生在阴暗潮湿处，对圈肥及腐草有趋性，有负趋光性和假死性，受惊后立即蜷缩成西瓜状。

4. 防治措施

（1）农业防治　　避免施用未充分腐熟的有机肥。保持草坪的清洁，及时清除杂草与垃圾。

（2）化学防治　　发生量大时可选择喷施 10% 吡虫啉可湿性粉剂 2 500 倍液，或 20% 灭扫利乳油 3 000 倍液，或 2.5% 溴氰菊酯乳油 3 000 倍液，或 2.5% 高效氯氟氰菊酯乳油 3 000 倍液等，也可结合防治草坪地下害虫喷施 50% 辛硫磷乳油 1 000 倍液。

（二）灰巴蜗牛

1. 分布与为害　　灰巴蜗牛（taper top snail），学名 *Bradybaena ravida*（Benson），属于腹足纲柄眼目巴蜗牛科。在我国分布于东北、华北、华东、华南、华中、西南、西北等地区。在蔬菜上，主要取食幼苗、叶、地下块茎及果实。蜗牛将蔬菜幼苗咬断，造成缺苗断垄，甚至整块地仅剩个别植株。为害叶片，造成缺刻、孔洞，严重时仅余叶脉。

2. 形态特征识别

（1）成贝　壳中等大小，壳质稍厚，坚固，呈圆球形。壳高 19mm，宽 21mm，有 5～6 个螺层，顶部几个螺层增长缓慢、略膨胀，体螺层急骤增长、膨大。壳面黄褐色或琥珀色，并具有细致而稠密的生长线和螺纹。

（2）幼贝　浅褐色，体较小，形态特征与成贝相似。

（3）卵　圆球形，直径 2mm，乳白色，近孵化时变成土黄色。

3. 发生规律及特点　一般年发生 1 代，以成贝和幼贝在田埂土缝、残株落叶下越冬，翌年 3 月上中旬开始活动。白天潜伏，傍晚或清晨取食，遇有阴雨天多整天栖息在植株上。4 月下旬到 5 月上中旬成贝开始交配，卵成堆产在植株根茎部的湿土中。初孵幼贝多群集在一起取食，长大后分散为害，喜栖息在植株茂密低洼潮湿处，温暖多雨天气及田间潮湿地块受害重。

4. 防治措施

（1）农业防治　清晨或阴雨天人工捕捉，集中杀灭。

（2）化学防治　用茶籽饼粉 3kg 撒施或用茶籽饼粉 1～1.5kg 加水 100kg，浸泡 24h 后取其滤液喷雾，也可用 50％辛硫磷乳油 1 000 倍液喷雾。用 8％灭蜗灵颗粒剂 1.5～2kg/hm^2，碾碎后拌细土或饼屑 5～7kg，于天气温暖、土表干燥的傍晚撒在受害株附近根部的行间，2～3d 后接触药剂的蜗牛分泌大量黏液而死亡。防治适期以蜗牛产卵前为宜，田间有小蜗牛时再防治一次效果更好。

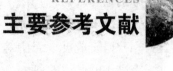

REFERENCES

主要参考文献

陈少霞，屠康，2018. 生菜的全产业链生产与安全品质控制技术研究 [J]. 农产品质量与安全 (1)：28-32.

陈修斌，王小军，2003. 生菜腐烂病的发生与防治 [J]. 植物保护 (6)：55-56.

段春芳，杨根华，等，2008. 立枯丝核菌 AG-1IB 引起白菜、薄荷、莴苣叶腐病的研究 [J]. 云南农业大学学报 (3)：422-425.

段玉玺，方红，2017. 植物病虫害防治 [M]. 北京：中国农业出版社.

葛慧利，张海珍，2018. 地下害虫的危害及防治对策 [J]. 现代农业 (7)：32-33.

胡志新，2018. 农业生产减药植保技术要点 [J]. 农业与技术 (38)：45.

黄蓉婷，2017. 浅谈生菜种植技术 [J]. 农业开发与装备 (9)：156.

江扬先，2016. 保护地莴苣灰霉病的发生原因及防治措施 [J]. 蔬菜 (3)：75-76.

康玉洁，陶跃顺，等，2017. 结球生菜 NFT 栽培技术 [J]. 现代农业科技 (8)：70-71.

李国庆，王道本，等，1998. 莴苣上发现一种新的核盘菌菌核病 [J]. 植物病理学报 (3)：58-64.

李照会，2004. 园艺植物昆虫学 [M]. 北京：中国农业出版社.

马磊，梅凤娴，等，2006. 不同氮磷钾水平对生菜产量及体内养分的影响 [J]. 仲恺农业技术学院学报，19（4）：13 - 16.

宋勇，刘明月，等，2002. 不同基质与施肥配方对生菜产量和品质的影响 [J]. 湖南农业大学学报（自然科学版），28（6）：495 - 498.

宋志伟，慕兰，等，2017. 设施蔬菜测土配方与营养套餐施肥技术 [M]. 北京：中国农业出版社.

王斌才，2015. 莴苣周年生产技术 [M]. 北京：金盾出版社.

王慧君，石延霞，等，2013. 莴苣霜霉病的发生规律及防治技术 [J]. 中国蔬菜，26 - 28.

王久兴，郝永平，2004. 蔬菜病虫害诊治原色图谱·绿叶菜类分册 [M]. 北京：科学技术文献出版社.

王娟，王倩，陈清，2005. 结球莴苣"烧边"成因及其调控措施的研究进展 [J]. 中国蔬菜（10）：32 - 35.

徐卫红，2012. 叶菜蔬菜栽培与施肥技术 [M]. 北京：化学工业出版社.

杨世民，朱果利，刘熔山，1996. 生菜无土栽培营养液配方优选 [J]. 四川农业大学学报，14（4）：501 - 504，540.

杨子祥，段曰汤，等，2011. 结球莴苣褐腐病的发病规律及防治技术 [J]. 长江蔬菜（21）：9 - 50.

袁峰，2011. 农业昆虫学 [M]. 北京：中国农业出版社.

张福墁，1995. 生菜（叶用莴苣）高产优质栽培实用技术 [M]. 北京：中国林业出版社.

张福锁，2011. 测土配方施肥技术 [M]. 北京：中国农业大学出版社.

张福锁，陈新平，等，2009. 中国主要作物施肥指南 [M]. 北京：中国农业出版社.

张彦萍，胡瑞兰，2013. 莴苣芽苗菜安全优质高效栽培技术

[M]. 北京：化学工业出版社．

张玉聚，李伟东，龚淑玲，2011. 绿叶类蔬菜病虫防治原色图谱
[M]. 郑州：河南科学技术出版社．

赵永志，2012. 蔬菜测土配方施肥技术理论与实践［M］. 北京：
中国农业科学技术出版社．

赵中华，尹哲，杨普云，2011. 农作物病虫害绿色防控技术应用
概况［J］. 植物保护（3）：29-32.

周景平，蒋生发，等，2018. 不同杀菌剂对莴苣霜霉病防效研究
［J］. 中国果菜，38（5）：32-34.

左士平，2000. 特种绿叶蔬菜优质高效栽培［M］. 郑州：中原农
民出版社．

生菜病害彩图

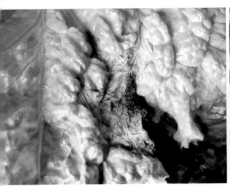

彩图2-1　生菜灰霉病

彩图2-2　生菜霜霉病

彩图2-3　生菜菌核病

彩图2-4　生菜褐腐病

彩图2-5　生菜枯萎病

彩图2-6　生菜黑斑病

彩图2-7　生菜软腐病

彩图2-8　生菜叶缘坏死病

彩图2-9　生菜叶焦病

彩图2-10　生菜病毒病

彩图2-11　生菜根结线虫病

生菜虫害彩图

彩图 3-1　瓜蚜无翅蚜

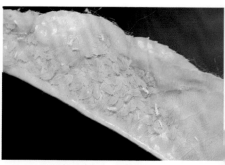

彩图 3-2　桃蚜为害状

彩图 3-3　银纹夜蛾成虫

彩图 3-4　斜纹夜蛾幼虫

彩图 3-5　甜菜夜蛾
a. 成虫　b. 幼虫

彩图3-6　莴苣冬夜蛾成虫

彩图3-7　棉铃虫
a. 成虫　b. 幼虫

彩图3-8　甘薯天蛾成虫

彩图3-9　肾毒蛾成虫　　　　　　　彩图3-10　短额负蝗成虫

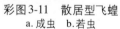

彩图3-11　散居型飞蝗
a. 成虫　b. 若虫

彩图3-12　东方蝼蛄　　　　　　　彩图3-13　小地老虎成虫